植物生长调节剂实用技术丛书

植物生长调节剂
在林果生产中的应用

主 编
王三根

副主编
刘大军

参编人员
尹 丽　孙年喜
林 春　刘 辉

金盾出版社

内 容 提 要

本书是"植物生长调节剂实用技术丛书"之一。书中介绍了植物生长调节剂的基本知识及其在果树、林木生产中的具体应用技术。内容包括植物生长调节剂在柑橘、苹果、葡萄、桃、樱桃、梨、枣、草莓、荔枝、龙眼、梅、李、杏、枇杷、山楂、菠萝、香蕉、杜果、猕猴桃、柿、橄榄、板栗、香榧、杨梅等果树及桑、茶、松、柏、杉、杨、柳、银杏、油桐、珙桐、桉、榆、槐、桦、椴和香椿等林木的不同生长发育阶段的施用方法、剂量、效果和注意事项等。本书语言通俗易懂，简明扼要，内容丰富，实用性强，可供林、果生产人员及有关院校师生、科研人员阅读参考。

图书在版编目（CIP）数据

植物生长调节剂在林果生产中的应用/王三根主编. —北京：金盾出版社，2003.8

（植物生长调节剂实用技术丛书）

ISBN 978-7-5082-2583-8

Ⅰ. 植…　Ⅱ. 王…　Ⅲ. 植物生长调节剂-应用-果树园艺　Ⅳ. S66

中国版本图书馆 CIP 数据核字（2003）第 050405 号

金盾出版社出版、总发行

北京太平路 5 号（地铁万寿路站往南）

邮政编码：100036　电话：68214039　83219215

传真：68276683　网址：www.jdcbs.cn

封面印刷：北京 2207 工厂

正文印刷：北京金星剑印刷有限公司

装订：桃园装订有限公司

各地新华书店经销

开本：787×1092 1/32　印张：6　字数：134 千字

2010 年 4 月第 1 版第 5 次印刷

印数：25001—31000 册　定价：10.00 元

（凡购买金盾出版社的图书，如有缺页、
倒页、脱页者，本社发行部负责调换）

序　言

　　20世纪中叶以来,随着植物激素的陆续发现及人工合成植物生长调节剂的问世,植物生长物质在调控作物生长、增加农作物产量、改善产品品质及产品贮藏保鲜等方面显示了其独特的作用,取得了显著的成效。

　　用植物生长调节剂调控植物的生长发育,已成为国内外迅速发展的一个科研与应用课题,也是将科研成果迅速转化为生产力的一个活跃领域。我国是一个植物王国,也是一个农业大国,人均耕地不足是我国种植业最根本的制约因素。植物生长调节剂的应用,为农、林、园艺生产发展开辟了新的技术途径。与传统的耕作方法相比,应用植物生长调节剂具有成本低、收效快、效益高、省劳力等优势,正广泛应用于种子处理、生根发芽、矮壮防倒、促蘖控芽、开花坐果、整形催熟、抗逆保鲜、性别分化等诸多领域,已成为现代农业的重要技术措施之一,有不可替代的功能和广阔的发展前景。

　　我国地域辽阔,地形复杂,气候多变,生态环境各异。加之植物生长调节剂的作用复杂,它的施用效果又与制剂种类、浓度、施用方法、时期、部位、植物种类、长势、气候、水肥、生产措施等密切相关,因而产生的效果差异很大。同一种植物生长调节剂,既能促进种子萌发、生根、分蘖,又能延长种子休眠和抑制生长;既能引起顶端优势,又能促进侧芽发生;既能刺激细胞分裂分化,又能促进衰老脱落;既能保绿保鲜,又能催熟疏果等等。这就要求使用者对各种植物生长调节剂的基本性质、主要功能、适用范围、施用方法等有所了解,以充分发挥其有益效应,避免因使用不当而造成不应有的损失,促进植物生长调节剂应用技术的健康发展。

本"丛书"作者长期从事植物生长调节剂应用技术的教学、科研和推广工作,广泛收集了国内外有关技术资料,从可读性、实用性、系统性、知识性出发,编写了这套"植物生长调节剂实用技术丛书"。希望这套"丛书"的出版能帮助读者消除一些对植物生长调节剂在认识上存在的误区,并对促进植物生长调节剂在生产上的应用起到积极的推动作用。

本"丛书"包括五个分册。其中第一分册主要介绍植物生长调节剂的基本知识,包括植物激素与植物生长调节剂的概念,植物生长调节剂在生产上的应用效果及其与生产条件的关系,常用植物生长调节剂的种类、性质、适用范围、注意事项,植物生长调节剂的剂型、配制和施用方法,植物生长调节剂的吸收、残留及相互作用,如何正确合理应用植物生长调节剂等。其余四个分册分别就植物生长调节剂在粮棉油、果树林木、蔬菜、花卉等生产方面的实用技术作了具体介绍,包括使用方法、剂量、时期、效果和注意事项等。"丛书"力求技术先进实用,叙述简明扼要,语言通俗易懂,方法可操作性强。

愿本"丛书"的出版能为广大读者提供有价值的信息资料,成为相关科技工作者和生产人员有益的参考书。

编著者

2003 年 5 月

目　录

第一章　概　述

一、植物生长调节剂的概念与作用

1. 植物生长调节剂的概念

植物在生长发育过程中,除了要求适宜的温度、光照、氧气等环境条件和必要的营养物质,如水分、无机盐、有机物外,还需要一些对生长发育有特殊作用,而含量甚微的生理活性物质。这类物质极少量就可以调节和控制植物的生长发育及各种生理活动。这类物质称为植物生长物质,包括植物激素和植物生长调节剂。

植物激素是植物体内产生的活性物质。植物激素由特定的器官或组织合成,然后转运到别的器官或组织而发挥作用。这类物质在植物体内含量极微,而起的作用却很大,参与调节植物的各种生理活动。植物激素与碳水化合物、蛋白质、脂肪等同样是植物生命活动中不可缺少的物质。植物的发芽、生根、生长、器官分化、开花、结果、成熟、脱落、休眠等无不受到植物激素的调节控制。植物如果缺少了这些活性物质,便不能正常生长发育,甚至会死亡。

植物激素的生理特性主要是:①这类物质都是内生的,是植物在生命活动过程中,细胞内部接受到特定环境信息的诱导而形成的正常代谢产物。②这类物质在植物体内是能移动的。不同的植物激素在植物体内由不同的器官产生,然后转运到不同的作用部位,对生长发育起调节作用。这类物质的转移速度和方式,随其种类的不同而异,也随植物及器官特性的不同而有所不同。③这类物质在极低的浓度下即能发挥调节功能。

植物激素的生理作用是多方面的,既能促进植物的生长发育,也可抑制或阻碍植物的生长发育。植物从种胚的形成,种子萌发,营养体生长,开花结实到植株衰老、死亡,都受到植物激素的调控。不同的植物激素具有不同的生理功能,同一激素往往又具有多种生理作用,植物的同一生理过程一般又受多种植物激素的调控。植物激素间既能相互促进,又会相互抑制,在促进与抑制中相互协调,共同控制植株的生长发育过程。

目前得到公认的植物激素主要有五大类:即生长素类、赤霉素类、细胞分裂素类、脱落酸和乙烯。此外,科学家也发现了其他一些具有植物激素作用的内源生长调节物质,如油菜素内酯、水杨酸、茉莉酸等。

由于植物激素广泛而显著的生理效应和对植物生长发育的强烈调控作用,引起了科学家的关注并深入地进行研究,使这类物质逐步应用于农业生产上。但是,植物内源激素在植物内含量甚微,如欲从植物体内提取再用于农业生产,那是很困难的,经济上也不合算。于是科学家用其他方法,如用微生物发酵的方法浓缩、提取或通过化学方法,仿照植物激素化学结构合成的具有与植物激素相同或相似生理活性的物质,或与植物激素的化学结构不相同,也具有生理活性的物质。人工合成的活性物质有些是植物体内并不存在,其化学性质与植物激素也不一定相同,但也能引起与植物激素类似的生理效应,也能对植物的生长发育起调节作用。这类由人工合成、人工提取的外源活性物质,称之为植物生长调节剂。

植物生长调节剂因具有显著、高效的调节效应,已被广泛地应用于大田作物、经济作物、果树、林木、蔬菜、花卉等的生产上,并取得了显著的经济效益,对促进农业生产起了一定的作用。植物生长调节剂的特点之一是:只要使用很低浓度(甚至不到百万分之一),就能对植物的生长、发育和代谢起重要的调节作用。一些常规栽培措施难以解决的问题,通过使用植物生长调节剂却能得到很好的解决,如打破休眠、调控性别、促进开花、化学整形、防止脱落、促进生根、增强抗性等。

植物生长调节剂根据其作用方式,可分为植物生长促进剂、植物生长延缓剂、植物生长抑制剂等。也可根据作用的对象,分为生根剂、壮秧剂、保鲜剂、催熟剂等。

值得注意的是,尽管植物生长调节剂具有很多生理作用,但它不具有营养作用,也不能代替植物的营养物质。生长调节剂与营养物质之间有根本的区别。植物营养物质是指那些供给植物生长发育所需的矿质元素,如氮、磷、钾等。营养物质是植物生长发育不可缺少的,它直接参加植物的新陈代谢活动,或是植物体有机物的组成成分,参与植物体的结构组成。植物的生长发育对营养物质的需要量较大,由土壤供给,以施肥来补充。植物生长调节剂则不提供植物生长发育所需的矿质元素,它只是通过调节植物的生理活动,来影响植物的生长发育,一般不参与植物体的结构组成。植物生长调节剂效应的大小,不取决于其含植物生育必需元素的多少,因植物对其需要量很小,而取决于其活性的强度。可见植物生长调节剂与植物矿质营养物质是完全不同的两类物质,二者不能混为一谈。目前市场上销售的有些产品,如微肥,属于植物营养物质,而不是植物生长调节剂。也有一些制剂是将微肥与植物生长调节剂混合在一起的。

此外,市场上还有一类产品,如生物制剂,其中有增产菌、根瘤菌种等。生物制剂本身是一类微生物,如细菌、真菌等,是有生命的东西,高温、强酸、强碱等不良条件可降低其作用或使其失去生物活性。因此,在贮藏和使用生物制剂过程中需要特别小心。生物制剂是利用微生物与植物之间的共生关系,相互依赖、互相促进,从而影响植物生长发育的。因此,生物制剂也不是植物生长调节剂。购买和使用生物制剂时应注意其性质和作用特点。同样的道理,一些生物制剂里也可能含有植物生长物质,有调节植物生长发育的效应,起到植物生长调节剂的作用。

2. 植物生长调节剂的作用

(1) 促进插条生根与苗木繁育 利用生长素类物质可促进插条生根,特别是对于一些难以生根、较为名贵的植物种类,以生长素促根,可以加快繁殖速度,有较大的经济价值。生长素类调节剂中,2,4-D、萘乙酸、萘乙酰胺、吲哚乙酸、吲哚丁酸等,都具有不同程度的促使插条形成不定根的作用。由于生长素类在植物体内可极性运输,所以在生长素类的参与下,插条维管束形成层和基部组织的韧皮部、木质部的薄壁细胞形成愈伤组织,分化根的原基,使之成为具有分生能力的细胞,最后形成不定根,从而提高了插条的成活率。应用植物生长调节剂促使插条生根,在花卉苗木、园林苗木、果树苗木的繁殖上,已被广泛应用。

(2) 促使种子和块根、块茎发芽 种子发芽,除了需要适宜的温度、水分和氧气等条件外,要使种子顺利发芽,还须打破种子的休眠。由于种子发芽须经一系列的酶促过程,首先要使种子糊粉层和胚乳组织中的淀粉被水解为还原糖,蛋白质水解为氨基酸,糖和氨基酸再送到胚,供胚生长的需要。而胚乳外的糊粉层是有生命的细胞,在它休眠期间,受多种内源激素的制约。当用赤霉素类、细胞分裂素类等植物生长调节剂处理种子后,诱导增强了各种水解酶的活性,加速种子萌发。利用植物生长调节剂,如赤霉素类、细胞分裂素类、芸薹素内酯、三十烷醇等,在打破种子休眠、提高发芽率方面取得了很大的成功,如马铃薯的秋播催芽,稻麦良种的繁殖催芽,玉米浸种催芽,桃、柑橘、甜橙、榛子、葡萄和番木瓜等种子的催芽。植物生长调节剂还用于促进马铃薯、甘薯等块根、块茎发芽。

(3) 促进细胞的分裂和伸长　生长素类、赤霉素类、细胞分裂素类、芸薹素内酯等都有促进细胞伸长的作用。生长素类可促进细胞的纵向伸长,使细胞壁疏松,增加可塑性;对幼嫩细胞反应灵敏,对成长细胞反应不灵敏。所以,在农业生产上用于防止器官脱落方面较多。赤霉素类可促进茎、叶生长,这在蔬菜(如芹菜、菠菜、莴苣)、麻类、甘蔗等作物上已经大量应用,在杂交水稻制种使用赤霉素类已成为一项重要的增产措施加以应用。细胞分裂素类除了促进细胞伸长、体积加大外,更重要的是促进细胞分裂。细胞分裂素和生长素配合使用,能控制植物组织的生长和发育,是植物组织分化的基础调节剂之一。细胞分裂素能抑制茎的伸长,使茎向横轴方向扩大、增粗,应用于农业生产,主要是促进组织分化,抑制衰老,防止果树生理落果等。

(4) 诱导花芽分化与无籽果实的形成　当植株施用细胞分裂素之后,由于它具有对养分的动员作用和创造"库"的功能,可促使营养物质向应用部位移动。例如,叶面喷施细胞分裂素类物质,可使其他部位的代谢物质向处理部位移动,并可改变新合成的纤维素微纤丝在细胞壁上沉淀的方向,使之更多地沉淀于与细胞长轴平行的方向,这样就抑制了细胞的纵向伸长,促进横向扩大,可增加侧芽萌发,这对于利用侧枝增大光合面积和结果的作物效果甚为显著。例如,茶树施用细胞分裂素之后,可以增加茶芽密度,对西瓜、柑橘、葡萄等作物可提高着果率,增加果实含糖量,改善果实品质。生长素、赤霉素类物质还能够诱导无籽果实的形成。

(5) 保花保果与疏花疏果 植物从开花结果到成熟,是一个受多种因素调控的复杂生长过程,而利用植物生长调节剂可调节和控制果柄离层形成,防止器官脱落,达到保花、保果的目的。在生长素类、细胞分裂素类、赤霉素类等植物生长调节剂中,有多种化学合成物质具有防止器官脱落的功能。这些物质都以各自独有的功能在农业生产上发挥作用,如防止棉花蕾、铃脱落,防止果树生理落果,提高茄果类蔬菜的着果率等,如吲哚丁酸、萘乙酸、2,4-D、赤霉素等都具有这类功能,而被广泛地应用于蔬菜、果树、棉花等作物的保花、保果上。同样,也可以利用植物生长调节剂来疏花、疏果,克服果树生产的大小年现象,保护树势,提高果实的品质。

(6) 调控雌雄花比例 调控植物花的雌雄性别,是植物生长调节剂的特有功能之一。在用于调控雌花比例中,效果显著的是乙烯利和赤霉素。乙烯利主要用于瓜类作物。当瓜类植株发育处于"两性期"时,可抑制雄蕊的发育,促进雌蕊发育,引起植株花序的性别改变,使雄花转变为雌花。赤霉素调控花性别的效果与乙烯利相反,是抑制雌花发育,促进雄花发生,因此,用赤霉素处理后,每节都不生雌花,而只生雄花。在农业生产上,应用乙烯利和赤霉素来调控雌雄性别都有成功的经验。如用乙烯利控制瓠瓜、黄瓜雌花发生,用赤霉素诱导雄花产生,在黄瓜的育种上,使"全雌株"的黄瓜产生雄花,然后进行自交或杂交，为黄瓜品种保存和培育杂种一代提供有效的手段。还有一些植物也可用生长调节剂调控花的性别分化。

（7）**抑制植物徒长使植株矮化** 植株由于环境因素的影响，诸如气候(日照、雨水、温度、湿度)、肥料(偏施氮肥)、灌溉(长期积水或灌深水)等因素以及植物品种的内在因素都能引起植株徒长。如果营养生长过旺，影响生殖生长，会造成光合产物不必要的消耗而减产。运用植物生长调节剂进行化学调控，抑制徒长、调整株型可收到良好的效果。在用于抑制植株徒长的植物生长调节剂中，无论是导致顶端优势丧失的抑制剂，还是只抑制近顶端分生组织区细胞分裂和扩大的延缓剂，都以不同的形式对植株的徒长起到抑制作用。如控制水稻秧苗徒长的多效唑，防止棉花蕾、铃期徒长的助壮素，抑制花生徒长的比久，调整大豆株型的三碘苯甲酸等，都以不同的作用方式使植物株型紧凑矮化，因而可提高光合作用强度，加速光合产物的运输和贮存，为生殖生长提供充足的营养，促进作物提高产量。这些抑制剂还用于果树矮化、花卉整形等方面，都取得明显效果。

（8）**增强植物的抗逆能力** 应用植物生长调节剂还可克服异常气候和不良环境条件对作物的不利影响，有提高作物抵御灾害能力的作用。在北方冬麦区的"干热风"、江浙稻区的"寒露风"、西南地区的"倒春寒"，都是严重影响粮食生产的因素之一。在小麦扬花期和灌浆期喷施环烷酸钠或三十烷醇后，能提高其光合效率，加快灌浆速度和干物质积累，有明显的防"干热风"的作用。在晚稻孕穗阶段，若遇"寒露风"时，喷施赤霉素可促使水稻抽穗，提高花粉细胞的活力，有利于水稻正常抽穗扬花，提高结实率。棉花秋季遇低温，会影响吐絮，使棉花产量和品质降低,我国北方棉区在临收获期在低温来临时喷施乙烯利,可促进纤维素酶的活性,使棉铃早熟、早吐絮。在西南地区,"倒春寒"前用生长调节剂促进水稻秧苗健壮、多发根、早返青,可提高水稻对低温的抗性。在北方,为预防"倒春寒"对冬小麦的冻害,可在有降温趋势之前喷施矮壮素,以缓解冻害对小麦的危害。在林木、果树、花卉等方面,都可使用植物生长调节剂,以提高植株抗逆性。

(9) 促使早熟丰产与改善产品的品质　除了采用一系列的传统农艺手段之外,运用植物生长调节剂促使农作物提早成熟,改善产品的品质,已成为农业生产上广泛应用的技术措施。在水稻的乳熟期喷施乙烯利,可使早稻提早成熟3～5天,有利于后季稻争季节。在番茄转色期用乙烯利处理,可使番茄提早6～8天成熟,增加早期产量,改善果实风味。在西瓜上应用细胞分裂素类生长调节剂浸种及花期喷施,可使西瓜提前3～7天成熟,并使果实含糖量提高0.5～1度。玉米用细胞分裂素类生长调节剂处理,可提早4～6天成熟。植物生长调节剂在促进粮食、果蔬成熟与改善产品的品质等方面有重要作用。

(10) 延长蔬菜水果的贮藏保鲜期,防衰老　植物生长调节剂可用于延长水果、蔬菜、花卉采收后的保鲜期,防止衰老、变质和腐烂,提高食用品质和商品价值,减少在运输和贮藏过程中的损失。细胞分裂素类生长调节剂有延缓植株衰老的功能。植物体经处理后,首先,阻止核酸酶和蛋白酶等一些水解酶产生,因而使核酸、蛋白质和叶绿素等不被破坏;其次,阻止营养物质向外流动,使营养物质向细胞分裂素所在的部位运输。例如,用苄基氨基嘌呤处理甘蓝、抱子甘蓝、花椰菜、芹菜、莴苣、菠菜、萝卜、胡萝卜等都能有效地延长采收后的新鲜期,对提高食用品质和商品价值十分有利。应用比久、矮壮素、2,4-D处理大白菜、洋葱、大蒜、马铃薯等,可防止在贮藏期间变质、变色、发芽。此外,植物生长调节剂还用于切花保鲜,延长瓶插切花的寿命,提高观赏价值等。

二、植物生长调节剂的合理使用

1．植物生长调节剂应用与环境条件的关系

植物生长调节剂的使用效果与温度、湿度和光照等外界环境条件有着密切的关系。

在一定的温度范围内,对植物使用生长调节剂,其效果一般随温度升高而增大。这是因为温度升高会加大叶面角质层透性,加快叶片对植物生长调节剂吸收;同时温度较高,叶片的蒸腾作用和光合作用较强,植物体内的水分和同化物质的运输较快,这也有利于植物生长调节剂在植物体内的输送。生长调节剂在高温下使用时浓度要低些,在低温下使用时浓度要高些。

有些植物生长调节剂,在作物处于不甚适宜的环境下使用,更能显示出它的功效,而在正常条件下,则不需要使用。如番茄等在低温或高温下会大量落花,这时使用2,4-D或防落素,防止落花的效果会非常明显。而在适宜的温度下,由于落花不严重,因此,使用2,4-D或防落素的效果也就不明显。

充分的光照能促进植物光合效率提高和光合产物运转,并可促进叶片气孔张开,有利于植株对药液的吸收,同时还促进蒸腾作用,利于药液在植物体内传输,因此,植物生长调节剂,宜在晴天使用。但是,光照过强,叶面的药液易被蒸发,留存时间短,不利于叶面对生长调节剂的吸收。因为叶片不能

吸收固体物质,故夏季使用植物生长调节剂时,要注意避免在烈日下喷洒。

空气湿度大,能使叶面角质层处于高度水合状态,可延长药滴的湿润时间,有利于吸收与运转,叶面上的残留量相对较少,能够提高使用效果。

风速过大,植物叶片的气孔可能关闭,且药液易干燥,不利于药液吸收,故生长调节剂一般不宜在强风的天气施用。

生长调节剂喷施当时或喷施后遇下雨会冲刷掉,在一般情况下,要求喷洒后 12~24 小时不能被雨淋,以使药效不受影响,否则应重新喷施。

环境因素除了会影响药效外,更重要的是能影响植物的生长发育。在不同的环境条件下,植物的生长发育状况也不同,需要调控的方面也有差异。例如,干旱情况下,植物需要提高抗旱力;低温情况下,植物易受冷害,应提高抗低温能力。因此,应该根据当地环境条件,选用适宜的植物生长调节剂,对症下药,确定适宜的浓度和施用时期,采用正确的施用方法,才能发挥生长调节剂的作用。

要使植物生长调节剂在农业生产应用中获得理想的效果,一定要与其他栽培措施配合使用。例如,萘乙酸、吲哚丁酸处理插条后可以促进生根,但是,如果不保持苗床内一定湿度和温度,生根是难以成功的。如果栽培措施不合理,土壤瘠薄、肥水不足或有病虫害等,也不能取得应有的效果。例如,使用防落素、2,4-D、萘乙酸和比久等防止作物落花落果,还需加强肥水管理,供给充足的营养物质,才能获得高产。又如,使用乙烯利催熟果实,还应与适时采收相结合,否则达不到催熟的目的。因此,使用生长调节剂时不能离开正常的栽培措施,而应该与合理的栽培措施相结合,才能达到预期的效果。

要使作物健壮地生育,决不能离开农业技术措施的综合应用,如果舍本逐末,即使应用植物生长调节剂也不能达到预期的效果。大量实践表明,植物生长调节剂应用效果的高低同合理地采用农业措施密切相关。如乙烯利处理黄瓜,能多开雌花多结瓜,这就需要供给更多的营养,才能显著地增加黄瓜产量;如果肥水等营养条件不能满足要求,则会造成黄瓜后劲不足和早衰,反而降低产量。如用乙烯利培育稻矮壮秧苗,其效果与秧田秧苗密度关系很大。在稀播的条件下,培育矮壮秧的效果很好;如果秧苗密度过高,容易造成拔节,降低秧苗质量。

2. 植物生长调节剂的使用方法

植物生长调节剂的使用方法较多,依生长调节剂种类、应用对象和使用目的不同,而采用相适应的使用方法。方法得当,事半功倍;方法不妥,则适得其反。在实际应用中要根据实际情况灵活选择。

(1) **溶液喷洒** 是生长调节剂使用中常用的方法。根据应用目的,可以对叶、果实或全株进行喷洒。先按需要配制成相应浓度,喷洒时液滴要细小、均匀,药液用量以使喷洒部位湿润为度。为了使药液易于粘附在植物体表面,可在药液中加入少许乳化剂,如中性皂、洗衣粉、烷基磺酸钠和表面活性剂(如吐温20、吐温80)或其他辅助剂,以增加药液的附着力。溶液喷洒多用于田间,盆栽的也可使用。为了延长药液在植物体表面存留时间,使之充分吸收,喷洒时间最好选择在傍晚,气温不宜过高,使药剂中的水分不致很快蒸发。否则过量未被吸收的药剂沉积在叶表面,对植株有害。傍晚喷施后,第二天早上的露水有助于药剂被充分吸收。如处理后12小时内下雨,叶面的生长调节剂易被冲刷掉,降低效力,需要重新再喷。根据使用量选择不同型号喷雾器。

喷洒植物生长调节剂时,要尽量喷在作用部位上。如赤霉素处理葡萄,要求均匀地喷于果穗上;乙烯利催熟果实,也要尽量喷在果实上。萘乙酸作为疏果剂,对叶片和果实都要全面喷到;而作为防止采前落果,则主要喷在果梗部及其附近的叶片上。

(2) 浸泡法　常用于种子处理、促进插条生根、催熟果实、产品贮藏保鲜等。

浸种水量要正好没过种子,使种子充分吸收生长调节剂。浸泡时间 6～24 小时。室温较高时,生长调节剂容易被种子吸收,浸种时间可以缩短到 6 小时左右;温度低时,浸种时间要适当延长,但一般不超过 24 小时。经浸泡的种子,要等到表面晾干后再播种。

促进插条生根可将插条基部 2.5 厘米左右浸泡在植物生长调节剂水溶液中。浸泡时间的长短与生长调节剂溶液浓度有关。如带叶的木本插条,在 5～10 毫克/升吲哚丁酸溶液中浸泡 12～24 小时,较为适宜;如生长调节剂浓度改为 100 毫克/升,则只需浸泡 1～2 小时。浸泡时应在室温下放在阴暗处。浸泡后可将插条直接插入苗床中,插床四周保持透气,并有适宜的温度与湿度。也可用快蘸法处理插条。将插条基部长 2.5 厘米左右放在萘乙酸或吲哚乙酸酒精溶液中,浸蘸 5～10 秒钟。生长调节剂可通过插条表面或切口进入植物体,待药液干后,插入苗床中。也可用较高浓度的水溶剂,如 5 000 毫克/升比久快蘸处理,促进生根。此法操作方便,省时省工。另外,还可用粉剂处理插条,将苗木插条下端 1.5 厘米左右放入水中浸湿,再蘸上拌有生长素的粉剂。为防止扦插时蘸在插条上的药粉被擦去,可先在插床上挖一条小沟,把插条排放在沟中,然后覆土压紧。

催熟果实的方法是把将成熟的果实摘下后,浸泡在事先配制好的生长调节剂溶液中,经浸泡一段时间,取出晾干,放在透气的筐内。如用乙烯利催熟,应注意供氧,因果实吸收乙烯利后,需有充足的氧气才能释放出乙烯气体诱导生成内源乙烯,达到催熟的目的。马铃薯催芽,也可用此方法。

贮藏保鲜可用于鲜切花,如唐菖蒲、菊花、金鱼草等。可将切花直接浸泡在保鲜液中,存放在 2℃~5℃ 低温下,可延长保鲜期。在室内瓶插的切花,使用保鲜剂后在室温下可延长观赏时间。

保花保果可将药剂盛在杯中蘸花簇,蘸湿即可。

(3) 涂抹法　是用毛笔或其他工具将生长调节剂溶液涂抹在植物体上。如用 2,4-D 涂抹在番茄花上,可防止落花,并可避免其对嫩叶及幼芽产生危害;将乙烯利溶液涂抹在橡胶树干的割胶带上,能促进排胶。对于切割后流出液汁的树木,如橡胶、生漆、安息香树等用生长调节剂处理,应在切口下部约 2 厘米处去掉木栓化树皮,然后涂抹上含有调节剂的载体,如棕榈油、沥青等。处理部位随着切割将逐步被切除,等完全切除后再作第二次处理。此法便于控制施用生长调节剂的部位,避免植物体的其他器官接触生长调节剂。对于一些对处理部位要求较高的操作,或是容易引起其他器官伤害的生长调节剂,采用涂抹法是一个较好的选择。

用羊毛脂作载体时,将含有生长调节剂的羊毛脂直接涂抹在处理部位,大多涂在切口处或芽上,有利于促进生根促进发芽。用于香蕉催熟时,可用乙烯利水溶液直接涂抹果指。

(4) 土壤浇灌法　是将生长调节剂配成水溶液,直接灌在土壤中或与肥料等混合使用,便于根部吸收。盆栽植物用水量根据植株大小与盆的大小而定,9~12厘米盆一般用100毫升,15厘米以上的盆需200~300毫升。用水量不要太多,以免生长调节剂从盆底泄水口流失,降低使用效果。如是液体培养幼苗,可将生长调节剂直接加入到培养液中。在育苗床中处理作物幼苗时,除叶面喷洒外,也可将生长调节剂放入水中,随灌溉水作土壤浇灌,供根系吸收。大面积应用时,可按一定面积用量,与灌溉水一同施入田中。也可按一定比例,把生长调节剂与土壤混合,进行撒施。施入土壤的植物生长调节剂,可以是一定浓度的溶液,也可以按照一定比例混在肥料、细土中。对一些盆栽花卉施用时,可根据植株大小和花盆大小确定药液用量;也可以按照用量直接拌入盆土中。在林地使用生长调节剂时,要除去地表的枯枝败叶、杂草,让表土裸露。另外,土壤的性质和结构,尤其是土壤有机质含量多少,对使用效果影响较大,要根据实际情况,适当增减生长调节剂用量。

(5) 注射法 是将生长调节剂溶液用注射器注入植物输导系统中,以助吸收。用于木本植物时,可在树干基部注入溶液。在菠萝的叶筒上灌注乙烯利溶液,可诱导花序形成。另外,在矮化盆栽竹时,将浓度为100~1000毫克/升的矮壮素、多效唑、整形素、青鲜素等的溶液注入竹腔,可使处理竹的株高缩至未处理的1/5左右。

(6) 熏蒸法 是利用气态或在常温下容易气化的熏蒸剂在密闭条件下施用的方法。如用气态乙烯拮抗剂1-甲基环丙烯,在密闭条件下熏蒸盆栽月季,以延缓衰老和防止落花落叶。熏蒸剂的选择是取得良好效果的前提,但是由于目前可用于熏蒸的植物生长调节剂种类较少,选择余地也小。在进行气体熏蒸时,温度和熏蒸容器的密闭程度,是两个重要的影响因素。气温高,生长调节剂的气化效果好,处理效果也好;气温低则相反。处理容器的密闭性越好,处理效果也越好;处理容器的密闭性不好则相反。

萘乙酸甲酯可用于窖藏马铃薯、大蒜、洋葱等。将萘乙酸甲酯倒在纸条上,待纸充分吸收萘乙酸甲酯后,将纸条与受熏物放在一起,置于密闭的贮藏窖内进行熏蒸。取出时,抽出纸条,将块茎或鳞茎放在通风处,待萘乙酸甲酯全部挥发后,即可加工食用。

(7)签插法 一般用于植株移栽。将浸泡过生长素类溶液的小木签,插在移植后的苗木或幼树根际四周的土壤中。木签中的生长素类溶入土壤水中,被根系吸收,有助于长新根,提高移栽成活率。

(8)高枝压条切口涂抹法 可用于名贵的难生根植株繁殖。在枝条上进行环剥,露出韧皮部,将含有生长素类的羊毛脂涂抹在剥口处,包上苔藓等保持湿润,外面用薄膜包裹,防止水分蒸发,当压条长出根后,可切下生根压条进行扦插。

(9)拌种法与种衣法 专用于种子处理。用杀菌剂、杀虫剂、微肥等处理种子的同时,适当添加植物生长调节剂。拌种法是将试剂与种子混合拌匀,使之沾在种子的外表上。如用喷壶将生长调节剂洒在种子上,边洒边拌,搅拌均匀即可。种衣法是用专用剂型种衣剂,将其包裹在种子外面,形成有一定厚度的薄膜。此法可同时达到防治病虫害、增加矿质营养、调节植物生长的目的,省工省时,效率高。

3.使用植物生长调节剂应注意的问题

(1)进行一定规模的预备试验 有许多生长调节剂有相同或相似的使用效果,如化学整形,有好些植物生长延缓剂可供选择,如比久、矮壮素、多效唑、环丙嘧啶醇等。各种不同植物对不同生长调节剂反应不同。根据所拥有的生长调节剂,最好做1次对比试验,1周后就能观察到效果。然后选择一种效果显著、没有副作用、使用方便、价格便宜的生长调节剂作大面积应用。有的生长调节剂效期短,往往需要多次处理,那就选择效期长的,做1次处理即可,以节省劳力。如1次使用后出现药害,如叶色发黄、有枯萎现象等,则不如选择使用低剂量、多次处理的为好。

我国地理、气候、土壤条件各地相差很大,文献上即使有同样的试验报告,由于作物种类不同、品种不同,南北地区气候条件不同,土壤类型不同,不做预备试验也是会有危险的。此外,同一种生长调节剂,由于生产厂家不同,批号不同,存放时间长短不同,都有可能出现差异。因此,在大规模处理作物之前,一定要做预备试验(处理)。以不同浓度处理作物各3~5株(或果树的1~2个枝条),3~5天后观察。如无烧伤或其他异常现象,就可以大规模应用于田间;植物如有异常反应,则应降低浓度或剂量等,再行试验,直到安全无害为止。这个措施就是确保不会大面积伤害作物。这个环节非常重要,生长调节剂因浓度不同,效果完全相反,甚至有烧死作物的危险。

(2) 选定适宜的使用时期 使用植物生长调节剂的时期至关重要。只有在适宜的时期内使用植物生长调节剂,才能达到应有的效果。使用时期不当,则效果不佳,甚至还有副作用。植物生长调节剂的适宜使用期主要取决于植物的发育阶段和应用目的。如乙烯利催熟棉花,应在棉田大部棉铃的铃龄达到45天以上时,才会有很好的催熟效果。如果使用过早,会使棉铃催熟太快,铃重减轻,甚至幼铃脱落;使用过迟,则棉铃催熟的意义不大。果树使用萘乙酸,如作疏果剂则在花后使用;如作保果剂则在采前使用。黄瓜使用乙烯利诱导雌花形成,必须在幼苗 1～3 叶期喷洒,过迟用药,则早期花的雌雄性别已定,达不到诱导雌化的目的。施用抑制禾谷类徒长的生长调节剂,在拔节初期施用效果较好,过迟无效,过早效果差。

因为作物的不同生育期对外施生长调节剂的反应(敏感性)不同。若为了防止果蔬落花落果,则必须在发生落花落果前处理,过迟起不到防止落花落果的作用。为抑制夏梢发生,应在夏梢发生前或生长初期处理,才有明显的抑制作用,处理过迟不仅不能抑制夏梢生长,反而会抑制秋梢生长。对果实的催熟,应在果实转色期处理,可提早 7～15 天成熟,若处理过早,果实品质受影响,反之催熟作用不大。水稻和小麦的化学杀雄,以单核期(花粉内容充实期)施用最佳,不实率在95% 以上,杀雄率高;过早、过迟使用,其杀雄效果差,甚至无效。此外,植物吸收生长调节剂之后,运输到作用部位,需经一定时间,并要经过一系列的生理生化变化,到表现出形态变化尚需一定时间,因此,喷生长调节剂的时间也应提早几天。

由上看来,植物生长调节剂的适宜使用时期,不能简单地以某一日期为准,而是要根据使用目的、作物生育阶段、生长调节剂特性等因素,从实际情况出发,经过试验,确定最适宜的使用时期。

（3）正确地选择处理部位和施用方法 要根据使用的目的决定处理部位。例如用 2,4-D 防止作物落花落果,就要把生长调节剂涂在花朵上,抑制离层的形成,如果把 2,4-D 处理幼叶,则会造成伤害。又如以乙烯利促进橡胶树排胶,则应将乙烯利油剂涂在树干割胶口下方宽 2 厘米处,刺激乳胶不断流出来,提高产胶量,否则就收不到预期效果。又如用萘乙酸或乙烯利刺激菠萝开花,可将生长调节剂溶液注灌入其筒状心叶中,直接刺激花序分化,而不是全株喷洒或土壤浇灌。植物的根、茎、叶、花、果实和种子等对同一种生长调节剂或同一剂量的反应不尽相同。同样的浓度对根有明显的抑制作用,而对茎则可能有促进作用;促进茎生长的浓度往往比促进芽的要高些。如使用 10～20 毫克/升 2,4-D 溶液对果实膨大生长有促进作用,而对于幼芽和嫩叶却有明显的抑制作用,甚至引起变形。因此,使用时必须选择适当的器具对准作用部位施用,否则会产生伤害。一般生长调节剂可通过叶面吸收,常用叶面喷洒法处理。有的生长调节剂较易被根吸收,则以土壤施用效果较好。还有一些生长调节剂既可通过叶面吸收,又可通过根系吸收,两种方法均可采用。

正确掌握生长调节剂的施药方法很重要。采用喷雾法时,在掌握适期和配准浓度的同时要选择适宜田块喷雾,如棉花喷施助壮素或矮壮素,要选择对茎叶生长旺盛的田块喷施。以点花法施用生长调节剂时,要选好生长调节剂和浓度,避免气温过高时点花,在溶液中适当加颜料,混合后使用,防止重复点花。浸蘸法施用生长调节剂时,要注意浓度与环境的温度和湿度,如在空气干燥,枝叶蒸腾量大,要适当提高浓度,缩短浸渍时间,避免插条吸收过量的生长调节剂,引起药害;要注意扦插时的温度,一般生根发芽以 20℃～30℃ 最适宜;要抓好插条的插后管理,插条放在通气、排水良好的砂质土壤中或细砂中为好,防止阳光直射。

(4) 防止药害,确保安全施用 这里所说的药害,是指由于生长调节剂使用不当而引起的与使用目的不相符的植物形态和生理变化反应。如使用保花保果剂而导致落花、落果;使用生长素类调节剂引起植株畸形、叶片斑点、枯焦、黄化以及落叶、小果、劣(裂)果等一系列变化等。这些变化,均属于药害的范畴。植物生长调节剂引起药害有急性与慢性之分。急性药害一般在作物施用生长调节剂后 10 天内出现的有害变化;慢性药害是指 10 天以后发生的有害变化。所以,对于植物生长调节剂药害的症状、原因和预防等方面,必须予以足够的重视。

药害产生的原因很多。如与气候的关系,温度高低不仅影响使用植物生长调节剂的效果,而且常是导致作物药害的重要因素。2,4-D、防落素、增产灵等苯氧乙酸类调节剂,使用时对温度要求较为严格,温度过高、过低都将引起不良后果。柑橘为保花、保果在喷施了防落素后,遇到日平均气温 30℃以上的高温天气持续的时间长时,就会导致大量落花、落果,有的树体由于使用浓度过高,甚至不结果,引起严重减产。又如番茄在气温高于 35℃ 时用 2,4-D 点花保果,很易产生药害。

(5) 掌握正确的施用浓度 植物生长调节剂的一个重要特点,就是其效应与浓度有关。如 2,4-D、青鲜素、调节膦、增甘膦等药剂,在较低浓度时能起到调节植物生长的作用,而在高浓度时则可起到除草的作用。因此,如果使用浓度掌握不当,使用量过大,常导致药害。

每一种生长调节剂对各种作物的应用浓度是有差异的,甚至同一种浓度对同种作物不同器官的致害浓度亦不一样。如乙烯利在水稻秧苗上使用1 000毫克/升的浓度不会产生药害,而在山楂上喷施,则可引起山楂落叶。又如用 2,4-D 对番茄进行点花保果时,常用浓度为 10 毫克/升,此浓度对花瓣无药害,而对叶片却会引起药害。所以,各种作物及其不同器官对不同植物生长调节剂的敏感性是不同的。

有些生长调节剂的药害,是由于栽培管理不当而引起的。如多效唑用于连作晚稻秧苗,若秧田作拔秧留苗处理,可引起晚稻抽穗障碍,而作翻耕移栽处理,药害就可避免。

引起生长调节剂药害的主要原因往往是不合理使用所致,如错用品种、喷施浓度过高、施用方法不合理等均可导致作物药害。

要预防药害要注意如下问题:①选择适宜的生长调节剂是安全使用的先决条件,选用生长调节剂时须注意掌握其基本性能。由于每一种调节剂都有各自的理化性质、作用机制和适用作物,所以在使用前掌握使用生长调节剂的要点和注意事项,避免错用。②明确生长调节剂的使用目的。常用生长调节剂有促根、助长、抑生、保花、保果、增糖、杀雄、催熟等功能,而每一种作物在不同生育期又有不同的生理要求,生长调节剂不是"万能灵药",要根据作物及其生育期酌情选择,合理使用。③正确配制生长调节剂的使用浓度。要根据作物的种类来确定使用浓度,如赤霉素在梨树花期用 10～20 毫克/升,甘蔗拔节初期用 40～50 毫克/升。要根据生长调节剂种类确定使用浓度,如用于柑橘保花、保果,赤霉素可用 50 毫克/升,防落素为 15～25 毫克/升,2,4-D 10 毫克/升,若任意提高浓度,则会引起药害。要根据气温确定药剂浓度,番茄使用 2,4-D 点花保果,气温在 15℃左右时,浓度为 15 毫克/升,25℃左右时,以 10 毫克/升较好,30℃时应降至 7.5 毫克/升;当气温超过 35℃时,不宜采用 2,4-D 点花保果。要根据生长调节剂有效成分含量配准浓度。由于生长调节剂种类繁多,有效成分含量各不相同,如赤霉素有 85% 晶体,也有 4% 乳剂,在配制时,要根据有效成分含量加适量的水稀释。

（6）恰当的管理措施　要正确抓好药后管理。对使用植物生长调节剂处理的作物,要根据其生长特点和生长调节剂的使用要求抓好管理。一般施用助壮素、增产灵后,要适当增施氮、磷、钾肥料,促进植株生长,防止早衰。施用多效唑的水稻秧苗要作移栽处理。连年使用调节膦、多效唑的果树,要停用 1 年,以利于植株正常生长结实。

喷施植物生长调节剂时要确定安全间隔期,安排好最后一次施用日期,使至收获时生长调节剂的残留量已在安全范围以内,以保食用安全。

不同生长调节剂混用时,要明确混用的目的,做到混用的目的与生长调节剂的功能一致。不能将两种功能完全不同的、混合后不能起增效作用的,甚至是相拮抗的生长调节剂混用,使各自的功能互相抵消,例如多效唑、矮壮素、比久等不能与赤霉素混用;酸性调节剂不能与碱性调节剂混用,以免发生中和反应,而使生长调节剂失效,例如乙烯利是强酸性的生长调节剂,当 pH 值＞4.1 时,就会释放乙烯,所以不能与碱性的生长调节剂或农药混用。要重视不同生长调节剂混用后的相容性。不同的生长调节剂之间、或生长调节剂与一些植物营养元素之间混用时,要注意各种化合物的相容性,要保持离子的平衡关系。在生长调节剂中加入某些植物营养元素时,要防止出现沉淀、分层等反应。例如应用比久时,不能加入铜制剂,否则将使比久的调节功能遭到破坏。

（7）正确保管植物生长调节剂　温度对于植物生长调节剂的影响较大,一般温度愈高,影响愈大。温度的变化,会使植物生长调节剂产生物理变化和化学反应,造成植物生长调节剂活性下降,甚至失去调节功能。如三十烷醇水剂,在常温下（20℃～25℃）呈无色透明,若长时期在 35℃ 以上的环境中贮藏,则易产生乳析,以致变质。赤霉素晶体在低温、干燥的条件下可以保存较长时间,在温度高于 32℃ 时开始降解,随着温度提高,降解的速度加快,甚至丧失活性。赤霉素的粗制品制成乳剂较难保存,稳定性比结晶粉剂差。

　　植物生长调节剂中的防落素、萘乙酸、矮壮素、调节膦等吸湿性较强,在湿度较大的空气中易潮解,逐渐发生水解反应,使其质量变劣,甚至失效。制作成片剂、粉剂、可湿性粉剂、可溶性粉剂的植物生长调节剂,吸湿性也较强,特别是片剂和可溶性粉剂,如果包装破裂或贮藏不当,很易吸湿潮解,从而降低有效成分含量。赤霉素片剂一旦发生潮解,必须立即使用,否则会失去调节功能。一些可湿性粉剂,吸潮后常引起结块,也会影响使用效果。

　　光照对植物生长调节剂亦有不同程度的影响,因为日光中的紫外线可加速调节剂分解。如萘乙酸和吲哚乙酸都有遇光分解变质的特性。棕色玻璃瓶包装的透光率为 23%,绿色玻璃瓶的透光率为 75%,无色玻璃的透光率达 90%,用棕色玻璃瓶包装可以减少日光的影响。同时,贮藏植物生长调节剂的地方要防止日光照射,避免日光对植物生长调节剂的不良影响。

　　存放植物生长调节剂容器的质量,也是影响其贮存质量的重要因素。一些生长调节剂不能用金属容器存放,如乙烯利、防落素对金属有腐蚀作用,比久易与铜离子发生化学反应而变质。有些生长调节剂遇碱易分解,赤霉素遇碱迅速失效,乙烯利在 pH 值 4.1 以上就可释放乙烯而分解。

　　植物生长调节剂的使用技术操作较为严格,保管条件要求也较高,所以要做到专库存放,以免与其他农药如杀虫剂、杀菌剂和除草剂混杂。有时,同一种植物生长调节剂有几种浓度规格,在贮藏时,除了注意其名称外,更应对有效成分含量作醒目的标记,以防在应用时由于浓度搞错而对作物造成不应有的损害。不同的植物生长调节剂应分开贮藏,特别是贮藏时间较长的更应如此。

植物生长调节剂应用深色的玻璃瓶装存或用深色的厚纸包装,放在不易被阳光直接照射的地方,或者放在木柜中。一般植物生长调节剂宜贮藏在 20℃ 以下的环境中。对需要较长时间贮存的生长调节剂,可以采取密封贮藏的方法,以防止贮存过程中发生化学反应,如采用磨口瓶贮藏或用瓶装后,瓶口用蜡封口,以减少与空气接触,并置于阴凉、避光的地方。在搞好生长调节剂防潮包装的基础上,存放在相对湿度 75% 以下的干燥场所,以避免受潮,有条件的可存放于专门贮存化学药品的低温冰箱中。

目前在市场上销售的植物生长调节剂,厂方为了便于农户应用,多数是稀释后加工成粉剂、水剂、乳剂等形式进行销售。如 2,4-D 配制成含量为 1.5% 的水剂,赤霉素等配以辅料制成粉剂,乙烯利为含量 40% 的醇剂,矮壮素为含量 50% 的水剂等。因此,这些植物生长调节剂的贮藏期不宜太长,一般在 2 年左右,有的甚至更短。所以,必须注意其出厂日期和贮藏时间,对于超过 2 年以上的生长调节剂,在使用前必须先做田间试验或化验分析,检查有无失效,再确定是否用于生产。

所以,由厂方稀释配制的植物生长调节剂,经过较长时间贮藏的,要认真检查其质量变化情况,如溶液出现混浊、分层沉淀或色泽改变时,应考虑有变质的可能性。有的生长调节剂气味较大,如 2,4-D、防落素等均有很重的气味,即使贮藏 2~3 年,其气味仍很浓重。对于这一类生长调节剂的质量判定,不能仅用气味来判别,有的虽然仍有气味,而实际上已经失效。

有些植物生长调节剂由于封装时消毒不严,或者开封后只使用了一部分,剩余部分仍贮藏起来,这很容易引起微生物污染,引起变质。如目前市场上销售的复配型制剂,已在植物生长调节剂中加入矿质元素或微量元素,也有的配以有机质如氨基酸之类,常因消毒不严或开瓶使用后引起微生物污染而失去活性。所以,在使用植物生长调节剂之前,一定要认真检查有无被微生物污染,若出现污染,就应停止使用。

(8)选用合格的植物生长调节剂 市场上销售的植物生长调节剂的种类较多,为了避免伪劣品的危害,应该注意以下问题:购药前,先弄清要用植物生长调节剂解决什么问题,而确定采购种类,然后在信誉好的合法经营单位购买。购入时,再一次查看出售单位有无"三证",仔细阅读使用说明书,了解其主要作用、使用对象和使用方法,认清产品商标、生产厂家和出厂日期。切忌购买陈旧过期的和未经权威部门鉴定的、无商标、未注册的产品。对于市场销售的新产品或使用效果还有争议的产品,不要盲目购买,更不宜立即大面积上使用,以免造成不必要的浪费和损失。

三、植物生长调节剂在林果生产中应用概况

1. 我国果树与林木生产概况

果树生产周期长,一般栽后3～5年才进入结果期,此后产量逐年上升,5～7年进入丰产期。果树使用植物生长调节剂处理的目的之一,是促使提早结果,尽早收益。果园建立之前要选择种类、品种和适宜的生产条件,并对未来市场变化作

出判断，因为一旦栽植就要经营十多年，乃至数十年。

果品及其加工品属高值农产品，即单位面积上投入人力、物力较多，管理环节多而精细，收益也较大，我国早就有"一亩园十亩田"的说法。果树适当应用植物生长调节剂，有省工、省力，提高果品品质和产量的效果。

果品生产是农业的重要组成部分。随着人民生活水平的提高，果品生产变得日益重要，它对振兴农村经济、促进粮食生产、繁荣市场、发展外贸和提高人民生活水平都具有重要意义。人均果品消费水平往往可以反映一个国家的经济状况，我国从第六个五年计划(1980～1985)开始，水果种植面积和产量每年都有大幅度的增长，到20世纪90年代，干果(如杏仁、大枣、核桃、腰果和板栗等)生产正越来越受到重视。现在我国已成为世界第二大果品生产国，苹果、梨、大枣、板栗的面积和产量均居首位，柑橘居世界第三位。

发展果品生产不仅能因地制宜地利用山地、丘陵、旱塬和沙荒，也有利于保持水土和改善生态环境。太行山区、沂蒙山区、三峡沿岸、黄土高原和黄河故道的开发，都把果树种植作为重要产业和重要生态工程措施。这样就可以充分利用农村丰富的人力资源，以保护生态环境，发展农村经济。

果品营养丰富，富含脂肪、蛋白质、糖类、无机盐、维生素和食物纤维素，是人民生活的必需品。

我国的树木资源丰富，有三多：即种类多、特有种类多和种质资源多，这些特点很突出。

据不完全统计，我国原产树木约7 500种，并且不少已久经栽培利用。例如，有极高观赏价值的山茶属，全球约250种，其中90％以上产于我国；杜鹃花属约800种，其中85％以上产于我国。又如，在林木中占有极重要地位的裸子植物，全世界有10科69属约750种,原产我国的有9科33属,约170种,分别占世界总数的90%,47.8%及22.7%,其中有9个属半数以上的种产于我国,如油杉、落叶松、杉木、台湾杉、柳杉、侧柏等。

我国树木的第二个特点是特有的科、属、种众多,且多为名贵种类,经济价值较高。我国特有的科有银杏科、水青树科、杜仲科、珙桐科等。特有的木本植物有金钱松属、银杉属、水杉属、白豆杉属、青钱柳属、青檀属、拟单性木兰属、宿轴木属、蜡梅属、串果藤属、石笔木属、牛筋条属、枳属、金钱槭属、梧桐属、喜树属、通脱木属、鸦头梨属、秤锤树属、香果树属、双盾木属、蝟实属等,不少已有栽培。至于我国的特有种则不胜枚举。

我国树木的第三个特点是种质资源丰富,为世界性宝贵财富。我国科技工作者利用这些独有资源,已在世界性的植物育种工作中做出了卓越的贡献。例如月季花、山茶花、杜鹃花的育种工作,已取得了突出的成果,当今风行世界的现代月季、杜鹃花及山茶花,品种已逾千个,其大多数都含有中国植物的血缘。又如由原产于中国的玉兰和辛夷为材料杂交育成的二乔玉兰,生长兴旺,抗逆性强,已广泛栽种于许多国家的庭园中。

2. 植物生长调节剂在果树、林木生产中应用的情况

植物生长调节剂可用于调控果树的营养生长,抑制新梢(尤其是冬梢)生长,减少新梢营养生长对养分的消耗,以促进开花结果等生殖生长,从而达到早结、丰产的目的。用生长调节剂调节树体内源激素平衡,解除对成花因素的抑制,促进花芽分化,增加花数。调节坐果和果实生长发育所需的激素,减少落花、落果,提高着果率,并加速果实的膨大生长。

植物生长调节剂可调控果实的成熟期。如香蕉属呼吸跃变型果实,在运输过程中常很快成熟,因此,必须延迟其后熟时间,来保持新鲜上市,可用赤霉素($GA_4 + GA_7$)来延长香蕉保持绿色的时间。用苯菌灵悬浮液制备赤霉素溶液浸蘸,可延迟香蕉果实呼吸跃变的出现及色泽的变化,减低贮藏运输期间由于过早后熟和真菌侵染的损失,提高上市果实品质。用乙烯利可有效地诱导香蕉果实后熟而不降低品质。

有些柑橘品种,在干旱条件下果皮内促进生长激素水平太高,易产生又厚又粗的粗皮果,影响外观,降低品质。可在花后3~6周应用比久或矮壮素来拮抗果皮中的高含量促生长激素。在花后1个月左右喷施赤霉素可减少果实浮皮的发生,在果实20%着色、内部品质达到一定要求时喷施乙烯利,可增进果实色泽。采前20天喷洒增糖灵,可使果实的全糖含量提高,全酸量降低。在柑橘果实迅速膨大期,如遇上久旱不雨的天气,可用尿素或赤霉素喷洒果面,每周1次,连喷3次,可刺激果皮生长,使果肉和果皮的生长保持平衡,防止发生裂果。

生长延缓剂能延缓植株新梢生长,增进新梢成熟度和木质化,提高细胞液中溶质的浓度,增强抗寒性。如2年生枳砧温州蜜柑晚秋梢生长季节,用矮壮素和氯化钙混合液喷洒树冠,可有效提高幼树的抗寒力。秋季对幼年未结果树喷洒的青鲜素可诱导休眠,避免3℃~6℃低温的冻害。另外,还可利用脱落酸、水杨酸等,使叶皮气孔关闭,减少水分蒸腾,增强果树的抗旱能力。

植物生长调节剂可用于调控苗木的生长、繁殖,以更快地提供优质苗木。由于多数果树基因为杂合性,必须进行无性繁殖才能保持其优良特性,大多数果树是通过嫁接繁殖。嫁接用的砧木以播种、扦插、压条等方式获得。播种常利用赤霉素处理，以打破种子休眠期，促进萌发，扦插常用萘乙酸等促进插条生根，以繁殖速生砧木苗。例如用赤霉素＋苄基氨基嘌呤的混合溶液浸泡枳壳种子，提高种子发芽率，使幼苗的根、茎长度和粗度增加。用萘乙酸液浸泡葡萄绿枝，可促进插条生根，提高苗木质量和扦插成活率。

美化株形是观赏植物和一些林木（如行道树等）的重要整形管理工作之一。用植物生长调节剂控制林木株形，省时、省力、快速、廉价，已经被人们广为使用。另外，林木均为多年生植物，使用植物生长促进剂是林业速生丰产的重要手段。

植物生长调节剂已广泛应用于促进果树和林木花芽分化，增加花数和促进开花。利用植物生长调节剂促进采种母株开花、坐果，可提高种子产量；还可利用生长调节剂调控植物的花期。施用多效唑可使桉树提前2年开花结实，而且开花节位下降到2米以下，便于人工授粉。用乙烯利处理橡胶树、漆树、松树、印度紫檀、安息香树等林木均可促进其脂汁排泌，提高林化产品的产量。

用单一种植物生长调节剂处理林果植株，存在着一定的弊端，或是效果不理想，或是在解决了一个问题的同时又引发出另一个问题，例如应用植物生长调节剂促进开花的同时，常会引起花朵质量下降。几种生长调节剂混合施用，是解决这一问题的有效方法，这方面现在已经有了许多实践经验和具体的操作规程。

在果树和林木从种子（或种苗）到产品收获的整个过程中，适时适量地应用植物生长调节剂，可以协调植株的生长发育，满足果树和林木产品的数量和品质，对于某些需求量极大的观赏植物可运用植物生长调节剂及其他配套技术，进行大批量生产，以保持长年均衡稳定地满足市场的需求。另外，在优质、高产、高效和稳定的人工林技术体系方面，在科学施肥、节水灌溉等基础上广泛应用植物生长调节剂，对促进林木生长的质量和数量的提高，可以少量土地生产更多的木材产品。

第二章　植物生长调节剂在柑橘生产中的应用

　　柑橘是我国南方的重要果树，在世界水果总产量中居第三位。1999～2000 年世界柑橘产量达 1.04 亿吨，其中以柑橙为最多，其次是宽皮柑橘类，再次是柠檬和葡萄柚。柑橘果实含有多量糖分、有机酸、矿物质及维生素 C，营养价值高。柑橘种类多，鲜果供应期长，自秋季至翌年夏季均有上市。我国柠檬和柚一般在 9 月份开始成熟上市，10～12 月温州蜜柑及其他宽皮柑橘类逐步成熟，11 月至翌年 2 月还有甜橙、蕉柑，而伏令夏橙、日本夏橙在 2～6 月份采收。若结合贮藏和不同地区栽培，可周年向市场供应鲜果。

　　柑橘又是医药工业和食品工业的重要原料，果肉可制糖水橘片罐头、果酱、果汁、果酒及提取柠檬酸等。种子富含维生素 E。果皮维生素 A、维生素 B 含量较多，维生素 P 含量比果肉高 1～3 倍，在海绵层中还含有橙皮糖苷，是制脉通剂的良好原料。果皮还可作盐渍、蜜饯，提炼果胶、香精油等。枳、酸橙、葡萄柚等的果皮含新橙皮糖苷，加工提取后其甜度为糖精的 2 倍。橘实、橘络、种子及叶均可供药用。有些种类如酸橙等还可作防护林。

　　柑橘的适应性较强，耐寒性虽不及落叶果树，但耐热、耐湿,从南温带至热带,从干旱少雨地区到湿润多雨地区均能栽培。在气温适宜的地区,河谷、山地、平地、沙滩、海涂以及多种土壤中均能栽培。柑橘结果早,产量高,耐贮运,是重要的出口水果。因此,发展柑橘生产对活跃农村经济、满足国内外市场需要,都有重要意义。

我国是世界上栽培柑橘历史最长的国家,而且世界上主要的柑橘品种多原产于我国,少数原产于东南亚。我国在4 000多年的柑橘栽培生产实践中选育出不少优良品种,并在繁殖苗木、栽培管理、防治病虫害、贮藏加工等方面均积累了丰富的经验。我国的《橘录》一书是世界上第一部有关柑橘的专著。

我国2000年柑橘种植面积达到130万公顷,居世界第一位,产量1 079万吨,居世界第三位。柑橘栽培地区分布较广,有20多个省(自治区、直辖市)栽培柑橘,以四川、重庆、广东、浙江、湖南、湖北、江西、广西、福建、台湾等地栽培较多,云南、贵州次之,陕西的汉中、安康,甘肃的武都,河南的南阳、信阳,安徽的安庆、歙县,江苏的苏州等地区也有栽培,长江流域及山东、山西等省有积分布,西藏南部的察隅、墨脱等地也有野生柑橘。

现将植物生长调节剂在柑橘生产中的应用领域及方法介绍如下。

一、用于催芽促根、促梢控梢

1. 萘乙酸用于提高柑橘种子发芽率

用浓度为40毫克/升的萘乙酸溶液浸种,可促进柑橘种子发芽。如果再加上20%硝酸钾、1.5%硫脲配成混合液,对促进发芽有显著效果。

2．赤霉素用于提高柑橘种子发芽率

将柑橘种子在1 000毫克/升赤霉素溶液中浸泡24小时，可明显提高种子发芽率，加快生长。对发芽率较低的品种更有效。

3．萘乙酸用于促进柑橘插条生根

使用方法　将秋季硬枝插条下端1.5厘米浸入1 000毫克/升的萘乙酸溶液中，5秒后取出，然后进行扦插。

效果　可以显著促进生根和成活。

注意事项　处理夏梢插条的效果好于春梢插条。

4．萘乙酸用于促进枳、橙插条生根

使用方法　于12月上旬在3～4年生枳、橙实生树上采取插条，长3～4厘米，具2～3个节，留1片叶，用萘乙酸溶液浸渍24小时。

效果　明显提高插条发根率。

5．矮壮素用于矮化椪柑幼树

使用方法　未投产的幼龄椪柑树，春、夏、秋于新梢长3～5毫米时第一次喷洒，浓度为750～1 000毫克/升的矮壮素，7～10天喷第二次。其中春梢、夏梢喷洒2次，秋梢喷洒1次。

效果　喷洒后春梢、夏梢、秋梢均有不同程度的矮化，而以秋梢矮化效果较明显，矮化率为对照的59.8%～70.7%。

注意事项　为了达到树冠紧凑、矮化的目的，必须每年喷洒，连续喷洒3～5年。

6．比久用于调控温州蜜柑的芽、梢

使用方法　在幼龄温州蜜柑夏梢发生初期，树冠喷施4 000毫克/升的比久溶液。

效果　减少夏梢发生数达 261%,长度缩短 26.6%,长度不到 1 厘米的夏梢数达 40% 以上,着果率提高 2.2%,产量增加 5%~10%。

7. 细胞分裂素用于促进枳幼嫩种子发芽

使用方法　用 1 000 毫克/升的细胞分裂素溶液浸泡枳的幼嫩种子 24 小时。

效果　能明显提高发芽率。

注意事项　如将细胞分裂素与赤霉素混合使用,效果更好,可克服单独用赤霉素使幼苗的根、茎变细和单独使用细胞分裂素根变短的缺点,使萌芽率和根的长度、粗度都有提高。

8. 多效唑用于增加金柑早伏花数

使用方法:在金柑第一次梢萌发时喷洒浓度为 1 000 毫克/升的多效唑溶液。

效果　金柑 1 年多次开花、多次结果,其中第一次早伏花占全年结果量的 80% 左右,且果大质优。喷多效唑后,使"早伏花"增加 10 倍,经济效益显著。

9. 多效唑用于调控柠檬花芽分化

使用方法　柠檬花芽分化前的 10 月下旬至 11 月上旬,用 300~400 毫克/升浓度的多效唑喷洒树冠 2 次。

效果　显著提高柠檬正常花的比例,提高翌年着果率、抗寒力,降低冬季不正常落叶率。

注意事项　用适当浓度的矮壮素、比久等也有类似效果。

10. 吲哚丁酸用于促进柑橘插条生根

使用方法　剪取向阳处呈绿色、芽眼饱满的未完全木质化的枝条,上端切口用蜡封口,防止水分蒸发,下端削成斜面,浸于吲哚丁酸 100~200 毫克/升水溶液中 12~24 小时,或在吲哚丁酸 5 000 毫克/升的稀释液中浸 10 秒钟,待乙醇挥发后扦插。

效果　柑橘插条使用吲哚丁酸促根,效果较好,且较安全。

注意事项　在无阳光直射的地方扦插,扦插后要加强苗床管理,插床保持适宜的干湿度。

11. 吲哚丁酸加苄基氨基嘌呤用于促进四季柚生根

使用方法　选择生长健壮、芽眼适宜的四季柚插条,浸于吲哚丁酸 50 毫克/升加苄基氨基嘌呤 15 毫克/升溶液中 24 小时,再扦插于苗床内。

效果　经处理的四季柚插条,22 天开始生根,每枝插条生根 5~9 条,扦插成活率达 80%。

注意事项　①吲哚丁酸与苄基氨基嘌呤配成混合液,还可用于枳、橙、柠檬等插条促根。②要加强苗床管理。

12. 调节膦用于抑制柑橘夏梢生长

使用方法　用调节膦抑制柑橘夏梢生长,一般在夏梢抽生前后 3~4 天喷施,调节膦溶液的使用浓度为 500~750 毫克/升。由于调节膦对柑橘不同品种的控梢效果差异较大,要根据品种、树势和气候等因素确定使用浓度及喷施次数。如温州蜜柑幼树宜用 500~750 毫克/升,一次喷施;本地早可用 500 毫克/升,一次喷施或用 250 毫克/升喷施 2 次,间隔 10~15 天。

效果　由于柑橘能 1 年多次抽生新梢,夏梢消耗树体营养过多,不利于大量培育优质秋梢作为结果枝。调节膦能有效地抑制夏梢抽生,控制树冠幅度。从而可促进秋梢生长,培育结果枝,提高翌年的着果率。经调节膦处理的 3 年生宫川早熟温州蜜柑,夏梢发生率仅为对照的 4.9%~23.7%,6 年生尾张温州蜜柑的夏梢发生率为对照的 23.0%~38.6%,使柑橘株平均产量比对照增加 17.3%～70.5%。

注意事项　①柑橘喷施调节膦控制夏梢生长,要重点喷施到树冠易抽生夏梢的部位。②不同品种的喷施浓度,要在当地试验的基础上确定。③喷施时要配准浓度,防止浓度过高出现副作用。④柑橘不可连年用调节膦控制夏梢,以免过度抑制生长。

13. 矮壮素用于抑制柑橘夏梢生长

使用方法　在柑橘夏梢发生初期喷施2 000毫克/升左右的矮壮素溶液,也可在夏梢发生初期根际浇灌1 000毫克/升的矮壮素溶液。

效果　使用矮壮素能抑制柑橘夏梢生长,从而提高翌年的着果率。其控梢率为 65.8%～86.9%,果实产量提高154%～172.2%。

注意事项　①使用矮壮素控制柑橘夏梢,要先做试验,选择合适的使用浓度。②矮壮素叶面喷施用2 000毫克/升,使用2次,其控梢效果比使用1次好。

二、用于促花控花、疏果促果

1. 比久用于促进柑橘花芽分化

使用方法　大年果园,于花芽分化盛期前喷施2 000～3 000毫克/升比久溶液1～3次。

效果　可以促进花芽分化,翌年花量显著增加。

2. 矮壮素用于促进柑橘开花

使用方法　在花芽分化期前(即结实母枝叶片全部转绿但未硬化时),喷洒1 000毫克/升的矮壮素溶液,每3天1次,共喷5次。

效果　有明显的促花作用。

3．赤霉素用于减少温州蜜柑着花量

使用方法　在 11 月下旬至翌年 2 月上中旬,喷洒 10～50 毫克/升赤霉素溶液。

效果　可减少幼龄温州蜜柑的着花量。由于抑制了花芽分化,而增加了春梢发生数及叶片发生量,正常结果枝数也大量增加。

4．萘乙酸用于疏除柑橘过多的幼果

使用方法　金橘、夏橙和脐橙等,在幼果期喷洒 350 毫克/升萘乙酸溶液。

效果　可疏去一部分幼果,使在果树上的果实增大,当年产量不减,翌年也不会转为小年。

5．吲熟酯用于改善柑橘果实品质

使用方法　本地早柑橘盛花期用吲熟酯 50～100 毫克/升溶液处理。

效果　果实提早 9 天着色,可溶性固形物增加 0.6%～1%,含酸量提高 0.01%～0.12%,增进了果实风味,可食率增高,并能增加果汁中氨基酸的种类及赖氨酸、脯氨酸和精氨酸的含量。

6．萘乙酸用于温州蜜柑的疏果

使用方法　在温州蜜柑盛花后 20～30 天,喷施 200～300 毫克/升的萘乙酸溶液。

效果　一直到生理落果停止期都可以有效的疏果。果实明显增大,着色好,单果增重 4%～8%。

注意事项　喷施后如遇高温、高湿,会造成过度疏果。如果坐果极多、喷施时气候恶劣,萘乙酸溶液浓度可用 300 毫克/升,最后还要进行 1 次人工疏果。过早施用对叶片有害,不宜过早喷施。对海拔高、开花迟、生理落果期长的,萘乙酸溶液的浓度宜低;相反,海拔低、开花早的需用稍高的浓度。

7．矮壮素用于降低柑橘果皮的粗糙度

在柑橘早果期(花后 3～6 周)应用 1 000～2 500 毫克/升矮壮素溶液喷施,可对抗果皮中高含量的生长促进激素,有降低果皮粗糙度的效果。

8．苄基氨基嘌呤用于提高柑橘着果率

使用方法　用 15～30 毫克/升的苄基氨基嘌呤溶液,在柑橘末花期及花后 30 天后各喷施 1 次。

效果　减少生理落果,着果率可提高 80%～110%,提高了经济产量。

注意事项　若与赤霉素结合使用,效果更好。

9．防落素用于锦橙保果

使用方法　于锦橙谢花后和第一次生理落果后,用 60 毫克/升防落素溶液喷洒树冠各 1 次。

效果　着果率可达 22.41%～82.69%,平均 44.80%,比对照增加 10.72%。此浓度对锦橙幼嫩枝叶及果实均无药害反应。

10．赤霉素用于柚子保果

使用方法　在柚子树花约 3/4 凋谢时和第二次生理落果前各喷施 1 次赤霉素溶液,浓度为 100 毫克/升。

效果　可提高着果率 2.37 倍。

11．赤霉素用于锦橙幼树保果

使用方法　在锦橙幼树谢花后至第二次生理落果前,用 200 毫克/升赤霉素溶液涂果 1 次,或用 50 毫克/升赤霉素溶液喷果 1 次。

效果　着果率可比对照提高 0.2～14.6 倍,产量提高

20%～47%;用200毫克/升涂果效果更佳,着果率比对照提高0.5～14.6倍,产量增加47%。

注意事项 这项措施应用于树势强的树比树势弱的树效果好。在施用时间上,树势强的树和结果多的树可后延至第二次生理落果刚开始时进行,弱树和结果少的树可提前在第一次生理落果后期进行。采用喷果处理时,在第一次喷果后10天左右再喷1次,效果更好。树高在1.5米以内的,用200毫克/升赤霉素溶液涂果,操作方便,效果好,用工量虽多于50毫克/升喷果,但由于用量少,总成本反比喷果低,且涂果比喷果能增产20%。树高超过1.5米的,涂果已不方便,则以喷果为宜。

12. 赤霉素诱导柑橘形成无籽果实

使用方法 于柑橘盛花期或落瓣时,对全株喷洒10～15毫克/升赤霉素溶液。

效果 可提高无籽果的数量,并使一些坐果不良的柑橘树增产。

13. 赤霉素加比久用于蕉柑保果

使用方法 于蕉柑盛花期和盛花后2周,喷洒50毫克/升赤霉素加2 000毫克/升比久溶液各1次。

效果 可以有效保果。

注意事项 单独应用赤霉素保果会使蕉柑果皮变粗糙,影响外观,赤霉素与比久配合使用,则可纠正单用的缺陷。

14. 防落素用于柑橘幼树保果

使用方法 于柑橘盛花期后和第二次生理落果前,各喷洒防落素溶液1次。

效果 对减少锦橙和血橙6月落果效果显著。锦橙分别用30毫克/升和40毫克/升防落素溶液喷洒,着果率分别比对照高 91.4％和 1.67％,血橙分别用 30 毫克/升、40 毫克/升和 50 毫克/升防落素溶液喷洒,着果率分别提高 67％～204％,98％～203.4％和 204％～242.4％。

15. 核苷酸用于温州蜜柑保果

使用方法 于柑橘树花 3/4 凋谢时,喷洒 30～50 毫克/升核苷酸溶液。

效果 保果效果显著,着果率可比对照提高 3～5 倍,产量提高 2 倍以上,效果与用同浓度的赤霉素无差异。

注意事项 核苷酸的保果效果和树体的营养条件密切相关,幼树、少花旺长树的溶液最佳浓度为 50 毫克/升左右;树势生长中等、花量正常树的溶液最佳浓度为 30 毫克/升。

16. 青鲜素用于柑橘抑梢促果

使用方法 柑橘初果树、初盛果树及幼树,于 6 月中旬分别喷施 1 000～1 500 毫克/升及 1 500～2 000 毫克/升青鲜素溶液各 1 次。

效果 有效抑制营养生长,可代替人工摘心与抹芽控梢,减少翌年花量,提高着果率并略有增产。

17. 青鲜素用于抑制沙田柚种子发育

使用方法 在沙田柚小果横径 1～1.5 厘米时,开始喷洒 1 000 毫克/升的青鲜素溶液,共喷洒 3 次,每次间隔 15 天。

效果 对抑制沙田柚种子发育的效果显著。经处理后饱满种子率为零,退化种子达到 42.62％,空壳率和退化种子率合计在 100％,对照的空壳退化率仅为 26.98％。

18. 赤霉素用于预防柑橘裂果

使用方法 在柑橘迅速膨大期,如果遇上久旱不雨的天气,可用 30 毫克/升赤霉素溶液喷洒树冠着生果实的部位,每月 1 次,连续喷洒 3 次。

效果　可以刺激果皮生长,使果肉和果皮的生长保持平衡,防止发生裂果。

19.赤霉素用于减少柑橘皱皮

使用方法　在果实直径为3~4厘米时,喷洒20毫克/升赤霉素溶液。

效果　可使皱皮显著减少,不影响果皮着色。

20.赤霉素用于增加柑橘坐果

使用方法　在温州蜜柑果实直径约4厘米时,喷洒20~80毫克/升赤霉素溶液。

效果　着果率为4.61%~6.78%,而对照仅为1.74%。

21.赤霉素用于防止柑橘果实变劣

使用方法　10~20毫克/升赤霉素溶液在采果前15~20天喷树冠。

效果　能延迟果皮组织衰老及果皮软化和褪绿过程,减少枯水浮皮现象,增强橘果抗病性。

22.嗪酮·羟季铵合剂用于促进柑橘坐果

使用方法　用嗪酮·羟季铵合剂80~100倍液在柑橘夏梢发生时,进行全株喷洒,共喷洒2~3次。

效果　可控制柑橘夏梢生长,促进坐果。

23.赤霉素用于柑橘保果

使用方法　柑橘使用赤霉素保果,使用1次的可在第一次早期生理性落果后喷施50毫克/升的赤霉素溶液;使用2次的可在谢花后7天、第一次早期生理性落果后至第二次生理性落果前分别喷施50毫克/升赤霉素溶液1次。喷施时,在赤霉素溶液中加入0.2%尿素、0.2%磷酸二氢钾和0.2%硼砂,可提高保果效果。

效果　使用表明,柑橘坐果情况与树体内源赤霉素含量水平有关,赤霉素含量高,果实生长快、落果少,含量低,生长缓慢、落果多。喷施赤霉素可显著提高柑橘着果率。在温州蜜柑上喷施 20～80 毫克/升赤霉素溶液,着果率提高到 6.3%～8%,比对照的 4.32% 增加 45.8%～82.2%。在柚树上用 30～100 毫克/升赤霉素溶液喷雾,着果率比对照提高 129%～237%,获得了很好的增产效果。

注意事项 ①花果期遇高温干旱天气,使用赤霉素要适当配合果园浇灌,以提高保果效果。②可与细胞分裂素混合使用,以提高对第一次生理落果的保果率。③温州蜜柑使用赤霉素的适期宜提早到盛花末期至谢花时喷施。

24. 细胞分裂素用于柑橘保果

使用方法 细胞分裂素使用 1 次的,可在植株花凋谢至 2/3 时喷施;使用 2 次的,可在植株花凋谢至 2/3 时和第一次生理落果后各喷施 1 次。细胞分裂素的使用浓度为 1 000～1 200 倍。

效果 在花、果期使用细胞分裂素对本地早、红橘、雪橘、温州蜜柑、椪柑、脐橙、锦橙等均有较好的保果效果,对减少第一次生理落果的作用优于赤霉素,增产效果显著。据在福橘、雪柑和椪柑上的试验,用细胞分裂素(5406)粉剂 1 000 倍液,着果率分别为 18.77%,20.4% 和 11.42%,比未处理的 7.92% 均有提高,并在一定程度上防止了赤霉素可能引起的粗皮大果,改善了果实品质。

注意事项 ①可与赤霉素混合使用,提高着果率。②要根据柑橘类型确定使用浓度,防止喷施浓度过高产生不良影响。

25. 赤霉素与苄基氨基嘌呤用于柑橘保果

使用方法 柑橘类使用赤霉素与苄基氨基嘌呤混合液保

花保果,要根据其类别和落花落果特点确定用药次数和施用方法。对于第一次生理性落果不严重的,用赤霉素溶液的浓度以 50 毫克/升为宜,于第一次生理落果期喷施;或用100～500 毫克/升赤霉素溶液于第二次生理落果前喷施;第一次生理落果较重的,在第一次生理落果期前用50～100 毫克/升赤霉素溶液加苄基氨基嘌呤 200～400 毫克/升混合,作涂果处理,再在第二次生理落果前用赤霉素 50～100 毫克/升喷施。

效果 柑橘果实在不同发育阶段其脱落的部位和生理变化是不同的,对防止第一次早期生理落果,用苄基氨基嘌呤的效能优于赤霉素,而在预防第二次生理性落果时,赤霉素的保果率又比苄基氨基嘌呤高。所以,将赤霉素与苄基氨基嘌呤混合使用,可使其起到更好的保果作用。在华盛顿脐橙的小果期使用赤霉素 250 毫克/升加苄基氨基嘌呤 200 毫克/升涂果,着果率达 31.78%,比对照 0.88% 显著提高,增产作用显著。

注意事项 ①使用赤霉素 250～500 毫克/升加苄基氨基嘌呤 200～400 毫克/升高浓度涂果,一次用药可基本控制 2 次生理性落果。且涂果用药量少,着果率高。②对于树体高涂果难度较大时,宜用低浓度溶液喷洒 1～2 次,要防止喷洒过度。③在较高气温下,喷施赤霉素溶液的浓度在 100 毫克/升以上时,易引起柑橘不同程度的落叶。

26. 丰产素用于柑橘保果

使用方法 在柑橘植株花凋谢至 2/3 时,喷洒5 000倍的丰产素溶液,隔 10 天再喷洒 1 次,以后再每月喷洒 1 次。

效果 丰产素对提高柑橘着果率有明显的作用。在 12 年生普通温州蜜柑上做试验,其着果率比对照提高 28.67%。

注意事项 ①使用的丰产素溶液浓度不得超过规定,否则可能抑制植物生长。②丰产素应保存于避光的冷暗处,冬季贮运时注意防冻。

27. 2,4-D 用于防止柑橘采前落果

使用方法 防柑橘采前落果,要根据树种落果情况来确定是否应使用 2,4-D。通常血橙、伏令夏橙等晚熟品种落果较为严重,一些中熟品种也有落果情况,对这类柑橘可在落果前或落果始期喷施 20～50 毫克/升的 2,4-D 溶液,其中用于中熟品种的 2,4-D 溶液浓度宜为 20 毫克/升,用于迟熟品种的浓度适当提高。

效果 赤霉素和细胞分裂素防止柑橘早期生理落果效果较为明显,而用于采前防落果效果不理想,使用 2,4-D 防止采前落果效果较好。

注意事项 ①使用 2,4-D 防止柑橘采前落果,要掌握好喷施浓度,在正常使用浓度下,不仅可防止落果,还可以减少落叶。但浓度过高时,反而会引起卷叶、落叶。②椪柑在秋季(10～11 月份)易落叶,喷施 10 毫克/升的 2,4-D 溶液可减少叶片脱落。

28. 多效唑用于抑梢促花改变椪柑大小年结果

使用方法 在秋梢萌发初期(梢长 1～3 厘米)时进行叶面喷施,多效唑水溶液的浓度为 1 000 毫克/升,即 15% 多效唑可湿性粉剂的 150 倍液。

效果 经喷施多效唑的椪柑,翌年果实产量比对照增产16.7%～38.6%。在大年应用,可增加小年花量和产量,缩小大小年产量的差距,同时还能促进果实早熟,改进果实品质。

注意事项 ①准确控制使用浓度,不能过低或过高:过低达不到抑梢促花的效果,过高会过度抑制枝梢生长。②对翌年果实质量有轻度影响,应采取相应的栽培措施,如增施磷、钾肥及适度疏果等加以克服。

三、用于果实催熟抑熟、贮藏保鲜

1. 赤霉素加 2,4-D 用于延长脐橙挂树期

12 月至翌年 1 月,用 10 毫克/升的赤霉素加 10 毫克/升的 2,4-D,树冠喷洒,可延长脐橙 5～6 个月采收期,落果减少,供果期延长。

2. 赤霉素用于延长葡萄柚挂树期

在 12 月至翌年 1 月,用 20 毫克/升的赤霉素溶液喷洒葡萄柚树冠,可使果实延长 3～4 个月采收,以延长其供应期,提高效益。

3. 2,4-D 用于促使锦橙留树保鲜

使用方法 锦橙果实由深绿变为浅绿期间,于 1 月初和 2 月初各向树冠喷洒 1 次同样浓度的 2,4-D 溶液。

效果 有效地防止采前落果和采后烂果,可使留树果实安全越冬。

注意事项 在果实留树期间增施磷、钾肥,可提高果树的稳果率。

4. 乙烯利用于促使柑橘加速果实着色

使用方法 200 毫克/升乙烯利溶液喷洒果实已达转色期的植株。

效果 加速果实着色,可提早 1～2 周采收,可调剂市场供应。

5. 乙烯利用于椪柑催熟

使用方法 于 10 月底至 11 月初,喷洒 1 000～2 000 毫克/升乙烯利溶液。

效果 可以加速果实着色,提前 1～2 周采收,不会引起落叶,而对果实品质无不良影响。

6. 增糖灵用于提高柑橘果实品质

使用方法 在温州蜜柑采收前20天喷洒600毫克/升增糖灵溶液。

效果 可使果实全糖含量提高0.82%,全酸含量降低0.21%,糖酸比由9.22提高到11.48,果实纵横径增加,着色率提高,成熟期提早5天。

7. 2,4-D用于红橘留树贮藏

使用方法 红橘在11月下旬至12月上旬充分成熟,在采收前20天左右,对树冠喷洒50毫克/升2,4-D溶液。在气温较低的柑橘产区,宜于12月底再喷1次相同浓度的2,4-D溶液。

效果 可有效延长采收期2~2.5个月。

注意事项 喷洒2,4-D时,在溶液中加入0.5%尿素或0.2%磷酸氢二钾。

8. 赤霉素用于抑制贮藏蕉柑枯水

使用方法 有两种:一是采收前20~30天对树体喷洒10~20毫克/升赤霉素溶液;二是采收前不喷施赤霉素,采后用50毫克/升赤霉素浸果。

效果 不论采前或采后处理,经5~6个月贮藏,基本不发生枯水,而对照果枯水率达30%~35%,经处理的果实腐烂率也比对照低。

9. 多效唑用于促使椪柑增加秋梢抽生数量

使用方法 幼龄椪柑树秋梢萌发初期喷施1 000~1 600毫克/升的多效唑溶液。

效果 强烈抑制枝梢伸长,增加秋梢抽生数量10%~30%。多效唑调控幼树秋梢生长,促进花芽分化,提高产量。

10. 矮壮素加钙盐用于提高柑橘幼树抗寒性

使用方法 在温州蜜柑晚秋梢生长季节,用1 000～2 000毫克/升矮壮素溶液和1%～2%二氯化钙混合液喷洒树冠。

效果 对提高幼树的抗寒力有明显的效果。经处理的幼树,在日最低气温－4℃～－6℃的条件下能持续6天不受冻害,而未处理树的嫩枝全部受冻,叶片干枯死亡。

11. 多菌灵加2,4-D用于防治温州蜜柑腐烂

使用方法 将采收的温州蜜柑果实,用多菌灵1 000倍液加200毫克/升的2,4-D溶液浸果,然后取出贮于木箱中,每箱25千克。

效果 防腐效果很好,贮存于普通房间内75天,好果率达97.7%,而对照的好果率为71.8%。

注意事项 这项防腐技术也可在其他水果贮藏保鲜中应用。

12. 防落素用于延长锦橙贮藏保鲜时间

使用方法 用防落素250毫克/升溶液洗果,晾干后用薄膜单果包装,于通风贮藏库中保鲜128天。

效果 保鲜效果明显。好果率为98.83%～99%,而对照的为90.38%～92.8%;鲜蒂率为63.35%～82.49%,而对照的为20.51%～33.33%;腐果率为1%～1.17%,对照为7.2%～9.62%。

13. 多效唑用于延长柑橘的贮藏保鲜时间

使用方法 果实采收后立即以500毫克/升多效唑溶液洗果或浸果,25升药液可处理柑橘果实500～700千克,约需15%的多效唑粉剂80克。处理好的果实贮于通风库中。

效果 经130天贮藏后,好果率达90.7%。其突出的优

点是能较好地保持果实品质,果实的可溶性固形物含量明显高于其他保鲜剂。

14. 2,4-D 用于防止血橙冬季落果

使用方法 在越冬期间,于 11 月下旬和 12 月下旬喷洒 20~40 毫克/升的 2,4-D 加 0.5%尿素溶液。

效果 可以防止血橙冬季落果,稳果率可提高 14%左右。

15. 赤霉素加矮壮素用于延长柠檬挂树期

10~12 月份于柠檬树冠喷洒浓度为 10 毫克/升的赤霉素溶液,可使柠檬采收期延长 2~4 个月,但花芽分化有所减少。如果 10~11 月份喷洒浓度为 10 毫克/升的赤霉素溶液再加上钾肥,可延长 5~6 个月的采收期,但果型增大。于柠檬正常采收前对树冠喷洒 10 毫克/升的赤霉素溶液加 1 000 毫克/升的矮壮素溶液,能抑制果实生长,可延至翌年晚春采收,可收到果型较小、品质上等的果实。

第三章 植物生长调节剂在
苹果生产中的应用

苹果是落叶果树中的主栽品种,据统计,世界苹果总产量达 3 570.7 万吨,仅次于葡萄、柑橘、香蕉,居第四位。1986 年中国苹果总产 380 万吨,居世界第三位,亚洲第一位,为中国第一大果树。

苹果果实营养丰富,色香味俱佳,用途广,每 1 千克果实含碳水化合物 122 克,蛋白质 16 克,脂肪 0.8 毫克,钙 90 毫克,磷 74 毫克,铁 2.4 毫克,维生素 C 40 毫克,胡萝卜素 0.64

毫克,维生素B₁ 0.08 毫克。苹果果实除供鲜食外,尚可加工制作果汁、果酒、果酱、果干、果脯、蜜饯等产品。

苹果树产量高,寿命长。经济寿命一般为 40～60 年,长的可达 100 年以上。

苹果品种多,供应期长,中国南北各地可自 6 月中旬至 11 月上旬陆续成熟。中、晚熟品种较耐贮运,是重要的国际贸易果品之一,也是中国大宗出口水果品种,远销东南亚、俄罗斯、东欧、北欧、德国、新西兰等地。

苹果树适应性强,栽培广,遍布世界五大洲。不论山地、平地、沙滩、盐碱地都能栽培。为世界栽培最广的果树之一。

苹果原产于欧洲中部、东南部、中亚细亚和中国新疆一带,各地所产种类不尽相同。中国栽培苹果已有 1600 年以上的历史。原产于中国的绵苹果,在 1400 多年前甘肃河西走廊已成栽培中心。现新疆、甘肃、青海、陕西一带以及四川、云南等地仍有绵苹果栽培。

世界苹果栽培技术发展迅速,近 10 年来,以矮化密植为重点,实行集约化、专业化、良种化、机械化生产,并应用植物生长调节剂促控植物生长与开花结果,讲求商品果质量。其主要增产与提高果品质量的措施,是更新品种、采用矮化砧木、改良整形修剪技术、根据叶片与土壤营养物质分析的结果来指导施肥、灌溉、应用生长调节剂、提高机械化作业水平、提高劳动生产率、改进分级包装和贮运技术等。

目前我国的苹果生产以山东最多,产量居全国总产 43% 以上;其次是辽宁,占全国总产 30% 以上;南方以四川最多。

当前我国苹果生产存在的主要问题是总产和单产低、良种化程度差、外贸品种不对路、采用设施与先进技术少、果园机械化程度和劳动生产率低、合理规划布局的大型专业化生产基地尚不完善。因此,种植面积虽居世界首位,而产量仅占世界总产量的 10%。

　　根据存在问题与发展趋向,应因地制宜,适当集中,选择适宜苹果生长的地域,建立大型专业化生产基地,充分发掘和利用国内资源作种质材料与优良品种进行杂交,选育高产、优质、高抗性以及矮生、耐贮运品种,研究苹果矮化密植的栽培制度及技术措施,实现苹果园主要生产环节机械化。对于使用植物生长调节剂方面,可采用下述技术。

一、用于控梢、促花、壮树

1. 比久用于促使苹果苗木矮化

　　使用方法　对 2 年生苗要从有 15～20 片叶开始,每隔20 天用比久3 000毫克/升溶液喷洒 1 次,共喷洒 3 次。

　　效果　使植株的高度只有对照的一半,节间也缩短20%～45%,植株明显矮化。

2. 比久加乙烯利用于促进苹果花芽分化

　　使用方法　对生长势中等或旺盛的苹果幼树,于 5～6月份,每隔 7～10 天喷洒1 000～2 000毫克/升的比久加 500 毫克/升乙烯利溶液,共喷洒 1～3 次。对 4～5 年生树,每株喷洒 2～2.5 升溶液,对 7～8 年生树喷 5 升左右。

　　效果　改变内源激素平衡,抑制新梢生长,促进花芽分化,提早结果。

3. 多效唑用于促进苹果花芽形成

　　使用方法　对 3～6 年生苹果幼树,叶面喷施 250～1 000毫克/升的多效唑溶液。浓度因树势强弱而定,树冠未扣头的果园使用 500 毫克/升,已扣头的果园使用1 000毫克/升,树势中等的果园以 250～300 毫克/升为宜。

效果　以抑制新梢生长,促进花芽形成,提高着果率,增加产量。

4．乙烯利、比久用于促进苹果花芽形成

使用方法　对生长旺盛的苹果树,谢花后喷施 200～900 毫克/升的乙烯利溶液,对生长长势中等或旺盛的苹果幼树,应用1 000～2 000毫克/升的比久溶液,或比久＋乙烯利溶液喷施。盛花后 2 天处理无效,盛花后 11～53 天喷洒效果最好。

效果　促进花芽形成。

注意事项　盛花期 64 天以后促进花芽分化的效果逐渐减弱。

5．比久用于提高苹果幼树抗寒力

使用方法　在苹果幼树盛花后 4～5 周喷洒1 000～1 500毫克/升的比久溶液。

效果　能明显抑制新梢生长,提高树体抗寒力,促进幼树丰产,增进果实耐贮性能。

6．比久用于抑制苹果新梢生长

使用方法　在苹果盛花后 3 周对全树喷洒1 000～2 000毫克/升的比久溶液 1 次。

效果　有效抑制苹果新梢生长。

7．多效唑用于苹果树控梢

使用方法　苹果采摘后于每株树的根际四周挖沟,施入 15％的多效唑可湿性粉剂 25 克。

效果　控制枝梢生长,增加短枝量,增强光合作用,提高着果率。对 12 年生国光苹果树施用多效唑后的第二年新梢长度减少 10.7％～46.5％,果实增产 31.8％～202.6％,第三年新梢长度减少 10.8% ～62.6%，果实增产 83.3% ～141.7%，使叶色加深，叶片增厚，树冠矮而紧凑。

注意事项　①不同品种的苹果树对多效唑的反应不同，要在试验基础上确定使用量。②能否多年连续使用多效唑，要根据其树体生长情况而定，防止过度使用，以免降低苹果产量。

二、用于疏花、疏果、保果

1. 乙烯利、萘乙酸用于国光苹果疏果

使用方法　在国光苹果树花蕾膨大期喷洒 300 毫克/升的乙烯利溶液，花开始凋谢后 10 天再喷洒 10～20 毫克/升的萘乙酸溶液 1 次。

效果　平均减少人工疏果量 65.7%，减轻大小年产量差异幅度，增加 1 级、2 级果产量。单喷洒 300 毫克/升的乙烯利溶液仅能减少人工疏果量 22.5%。

2. 普洛马林用于改善苹果的果形

使用方法　在苹果盛花期前喷施 30～36 毫克/升的普洛马林溶液（内含 BA＋GA$_4$＋GA$_7$）。

效果　改善果形。

3. 石硫合剂用于国光苹果疏花

使用方法　于国光苹果盛花后 1～3 天，喷洒 1～1.5 波美度(Be)的石硫合剂。

效果　花朵疏除率约 60%，空台率 48%～65%，百果枝坐果 46～72 个，可获得 3 年连续稳产的效果，还可增进果品的品质，兼治红蜘蛛、白粉病。

注意事项　一般盛果期大树每株喷洒量不少于 15 升。

4．赤霉素用于减轻金冠苹果的果锈

使用方法　在金冠苹果花凋谢期或落花后 7 天，喷洒 10～200 毫克/升的赤霉素（$GA_4 + GA_7$）溶液。

效果　显著减轻果锈。赤霉素溶液在 10～20 毫克/升浓度范围内，随着浓度提高，减轻果锈的效果也随之提高。

5．乙烯利加萘乙酸用于金冠苹果疏果

使用方法　在金冠苹果谢花后 10 天，喷洒 750 毫克/升的乙烯利＋10 毫克/升萘乙酸溶液。

效果　减少人工疏果量 64.2％。

6．萘乙酰胺用于苹果疏果

使用方法　对多数品种的苹果，可在盛花后 7～25 天，于天气温和时喷洒 25～50 毫克/升的萘乙酰胺溶液。

效果　有很好的疏果效果。

注意事项　此法对元帅品种不适宜。对隔年结果性强的品种或着果率高的品种使用的萘乙酰胺溶液浓度应高些，以 50 毫克/升为佳。

7．萘乙酸用于苹果疏果

使用方法　对多数苹果品种，可在盛花后 7～25 天，于天气温和时喷施 5～10 毫克/升的萘乙酸溶液。

效果　可以有效地疏果。

注意事项　对隔年结果性强和着果率高的品种，萘乙酸的溶液浓度应高些，以 10～20 毫克/升为宜。

8．甲萘威用于疏除苹果弱果

使用方法　用 0.08％～0.16％的甲萘威溶液，于盛花后 10～25 天喷施。

效果　干扰果实发育必需物质的输入，使比较弱的果实脱落，减少人工疏果的工作量。

9. 比久用于改善苹果的果实质量

使用方法 苹果盛花后 3～5 周喷施 3 000 毫克/升的比久溶液 1 次。

效果 提高果实硬度,增加耐贮运性能及着色程度,稳定产量。

10. 比久用于提高苹果硬度,增加着色度

使用方法 于苹果盛花期至盛花后 70～80 天,喷洒 500～2 000 毫克/升的比久溶液。

效果 使果肉坚实,硬度提高 0.45～0.91 千克/平方厘米,能保持 8 个月的贮藏、保鲜期。

注意事项 比久有副作用,如用于促进花芽分化,使翌年果实变小、变扁等,可采用几种生长调节剂混合使用,以消除副作用。

11. 萘乙酸用于防止苹果落果

使用方法 在收获前 20～30 天,喷洒 20 毫克/升的萘乙酸溶液。

效果 防止落果,减少落果量 49.9%。

注意事项 该制剂的效力与温度有关,气温高,效果好,气温低,效果差。

12. 比久用于防止国光苹果裂果

使用方法 在国光苹果裂果前 30 天左右,喷洒 2 000～3 000 毫克/升的比久溶液。

效果 可明显减轻国光苹果裂果,抑制枝条生长,促进花芽形成和果实着色。

注意事项 比久溶液的浓度过高时有使苹果的果形突然变扁的不良作用,比久的施用浓度以 2 000～3 000 毫克/升之间为宜。

13．多效唑用于提高富士苹果的品质

使用方法　对 6 年生富士苹果树,于秋季土施 20 克 15％的多效唑粉剂。

效果　苹果的果皮、肉、心中氮、磷、钾、钙、镁、硼和锌含量比对照果增加 5.8％～57.8％,果肉中脯氨酸、蛋氨酸、丙氨酸和天门冬氨酸含量也显著增加。

14．诱抗素用于提高苹果产量

使用方法　在苹果开花前 3 天,用每袋 15 毫升的诱抗素对水 15～30 升,进行整株喷施。

效果　促进花芽分化,提高着果率,增强抗旱、抗寒能力,改善果实品质,提高产量,提早成熟。

注意事项　遇干旱和低温时,提前 2～3 天喷施,喷施宜在阴天或傍晚进行,喷施后 4 小时内遇下雨时,应补喷施 1 次。

15．萘乙酸用于苹果疏果

使用方法　苹果树使用萘乙酸疏果,对早熟品种宜在盛花后 10 天以内施用,对中、晚熟品种为盛花后 10～15 天。喷施浓度要根据苹果品种而定。通常对早旭、红玉、旭、赤龙、倭锦等喷施 5～10 毫克/升的萘乙酸溶液;对金冠品种喷施 10～20 毫克/升的萘乙酸溶液;对隔年结果习性较强的花嫁品种,喷施15～20 毫克/升的萘乙酸溶液。

效果　萘乙酸对金冠、元帅、旭等苹果品种有明显的疏果作用;对金冠苹果用 20 毫克/升的萘乙酸溶液在盛花后 14 天喷施,每 100 个花序的着果率比对照下降 40.5％。

注意事项　①不要把萘乙酸作为元帅和红星苹果的疏果剂,以免幼果生长受到抑制而形成小果,丧失食用价值。②要配准萘乙酸溶液的浓度,防止高浓度使苹果新梢顶端受害枯

死,发生叶片向下扭曲、叶片边缘上卷等变化。③萘乙酸用于苹果中熟、迟熟品种疏果较为适宜。若苹果早熟品种使用萘乙酸疏果,最好在谢花期使用,如在盛花后 10 天使用,容易使果实达不到应有的成熟度,从而导致早熟和裂果。④对一些易受冻害、土壤排水不良、缺氮和密植程度较高、光照不足的苹果园等,不宜使用疏果剂。

16. 萘乙酰胺用于苹果疏果

　　使用方法　对苹果早熟品种使用萘乙酰胺疏果,应在盛花后 10 天内进行,即在谢花期使用;对中、晚熟品种使用时间为盛花后 10～25 天。施用浓度依苹果树的品种而定,对红玉、早旭、旭、赤龙、倭锦等品种喷施浓度为 25～50 毫克/升,对隔年结果习性强的花嫁品种,在天气较暖、晴朗无风时,可用 50 毫克/升的萘乙酰胺溶液喷施。

　　效果　萘乙酰胺是一种比萘乙酸较为温和的疏果剂,对黄魁、早旭等在谢花期喷施萘乙酸易受损害的早熟品种以及使用萘乙酸易造成疏果过量的苹果品种,改用萘乙酰胺则效果较好。萘乙酰胺在苹果生长早期使用可起到疏果作用,在生长后期则可起到防止落果作用。

　　注意事项　①萘乙酰胺不可用于元帅、红星苹果疏果,因其作用时间较长,比萘乙酸更易形成小果。②苹果早熟品种使用萘乙酰胺比使用萘乙酸好。③要掌握萘乙酰胺的喷药时间和喷施浓度。④对缺肥、缺水和密植程度较高的果园不宜使用萘乙酰胺。

17. 甲萘威用于苹果疏果

　　使用方法　为了使植株有一定的花量,甲萘威宜在盛花后 7～25 天使用,浓度根据苹果的品种而定。一般元帅品种用 300～600 毫克/升的甲萘威溶液,在盛花后 7～25 天喷施;

金冠品种用1 200～1 800毫克/升的甲萘威溶液,在盛花后7～25天喷施;国光、红玉品种用600～700毫克/升的甲萘威溶液,在花后10～15天喷施。

效果 使用甲萘威疏果有如下优点:①有效喷施时间较长,从盛花后7～25天均有效,以盛花后15～20天最好。②喷施浓度幅度大,从800～2 000毫克/升都有疏果作用。③施用后对当年果实和叶片无药害,对翌年花芽抽生无影响,金冠苹果在盛花后14天喷施1 500毫克/升的甲萘威溶液,花序着果数比对照下降55%,达到了人工疏果的水平,还可增加了翌年的花量。

注意事项 ①使用甲萘威对隔年结果习性强的苹果品种,需要提高使用浓度。②有卷叶虫、食心虫需要同时防治时,在适宜疏果期内选害虫防治适期和甲萘威施用浓度,能达到既疏果又除虫的效果。③对于短枝较多的苹果树,不宜使用甲萘威,因施用后花序只留1个果实。④施用甲萘威的苹果园,不可在花期放养蜜蜂,以免引起蜜蜂中毒。

18. 甲萘威加萘乙酸用于苹果疏果

使用方法 甲萘威与萘乙酸混合液,宜在开始谢花后10天、稍早于生理落果期使用。喷施浓度为750毫克/升的甲萘威加10毫克/升的萘乙酸。

效果 对短果枝型苹果品种采用甲萘威与萘乙酸混合使用,疏果效果显著。金矮生苹果在谢花落后10天施用甲萘威加萘乙酸,可显著增加大年的单果重量和提高大年、小年的2年平均产量,增强果实的贮藏性能,减少贮藏期果实的失重率。

注意事项 ①甲萘威与萘乙酸混合使用具有极显著的疏果作用,对于幼年树的疏果,如单用甲萘威或萘乙酸能达到预期疏果量时,就不要采取混合施用了。②疏果剂混合使用要先做试验,成功后再扩大应用。

三、用于催熟抑熟、贮藏保鲜

1. 乙烯利用于促进苹果早熟

使用方法　在苹果采收前3～4周,全树喷洒1 000毫克/升的乙烯利溶液。

效果　促进苹果果实早着色,起催熟的作用。

2. 比久用于防止苹果采前落果和增加硬度

使用方法　在苹果采收前45～60天喷施500～1 000毫克/升的比久溶液。

效果　控制新梢生长,抑制乙烯产生,防止采前落果,增加果实的硬度,减轻病害发生。

3. 比久用于促使苹果延迟成熟期

使用方法　在苹果采收前45～60天喷洒500～2 000毫克/升的比久溶液。

效果　抑制苹果释放乙烯,延迟果实的成熟期,延长果实采收期。

4. 乙烯利用于苹果催熟

使用方法　在苹果成熟前10～30天,用200～1 000毫克/升的乙烯利溶液喷洒。早熟品种施用时间宜晚,浓度应低,范围为200～500毫克/升;中、晚熟品种,施用乙烯利的时间宜早,使用浓度可高些,幅度为500～1 000毫克/升。

效果　加快苹果着色,使果实提早20天以上成熟,促进脱落,提高果品商品价值。

注意事项　乙烯利的使用浓度切忌高于1 000毫克/升。

为了防止乙烯利催熟引起的落果,可在早期加施 30 毫克/升的萘乙酸或在近自然成熟期增加喷 50 毫克/升的萘乙酸溶液。

5. 萘乙酸用于防止苹果采前落果

使用方法　使用萘乙酸防止苹果采前落果,适用于元帅、红香蕉、红玉等易落果的品种,宜于采前 30～40 天施用。萘乙酸的施用浓度为 20～30 毫克/升,以 20 毫克/升为佳。对一些生理落果期出现较早的品种,施用 1 次效果不够稳定的,可喷施 2 次。

效果　于喷施 7 天后见效,保果时间达 14 天以上。曾于 8 月 14 日在元帅苹果上分别喷施 20 毫克/升和 30 毫克/升萘乙酸溶液,9 月 1 日的落果率分别为 7.9% 和 3.8%,9 月 9～10 日的落果率分别为 11.9% 和 6.2%,比对照 67.3% 有大幅度的下降。

注意事项　①喷施萘乙酸的效果与气温有关,施用时气温高,防落果效果较好,气温低,效果较差,因此,要在气温 22℃ 以上时使用。②苹果树喷施宜在傍晚时进行,以增加叶片对萘乙酸的吸收量。③红玉品种使用萘乙酸的浓度要适当提高。

6. 比久用于防止苹果采前落果

使用方法　使用比久防止苹果采前落果,在 7 月上旬进行。以 2 000 毫克/升喷施 1 次或 1 000 毫克/升喷施 2 次为妥。

效果　元帅苹果施用比久,至 9 月 1 日的落果率为 2.1%,至 9 月 9～10 日的落果率为 13.3%,比对照下降 38.4%。

注意事项　①比久的防落果作用不如萘乙酸强,一般采用萘乙酸防止采前落果;对易裂果的苹果品种,可用比久防落果和防裂果。②使用比久要注意安全间隔期,采收时比久在苹果上的残留量应在安全标准以下。③在西南高寒地带,施用比久后翌年仍有明显残效,在生产上不宜应用。

第四章　植物生长调节剂在葡萄生产中的应用

　　葡萄属于葡萄科,葡萄属,是栽培价值很高的果树。在世界的果品生产中,产量和栽培面积一直居于首位,其总产量占世界水果总产量的 1/4。葡萄果实营养价值高,鲜果含糖 10%～30%,还含有多种无机盐和维生素。葡萄除供生食、制干外,还是酿酒工业的重要原料。

　　葡萄在栽培上有如下特点:①进入结果期早。用壮苗定植,当年即可结果,2～3 年即达丰产期。②更新复壮容易。营养繁殖的植株经济寿命达 80～100 年,栽培得法年年丰产。③根系分布深广。适应性强,平地、山地、沙滩、盐碱地均可栽植,还适于宅旁、公园、路旁作绿化树栽培,可以充分利用空地。④繁殖容易。一般用扦插和压条繁殖。我国南方种植葡萄病害多是其缺点。

　　葡萄主要栽培国家有意大利、法国、西班牙、土耳其、阿根廷、美国、俄罗斯等。据估计,葡萄果实用于酿酒的占 80% 以上,生食的占 10%,制干的占 5% 左右。

　　欧洲种葡萄引入中国至今已有 2 000 多年了,美洲种葡萄传入中国只有 100 年左右,在长期培育中育成了许多品种,创造了不少栽培技术。

　　中国葡萄的主要栽培地域有新疆、河南、河北、山西、山东、辽宁、甘肃、安徽、台湾等地,南方以台湾出产最多。此外,湖南、湖北、江西、浙江、江苏、上海和广东北部亦有成片栽培。但这些地区 4～6 月份雨水较多,花期授粉不良,又容易感染真菌性病害。山东葡萄产区春天气候干燥,不易发生黑痘病,在果实成熟期降水量较多,白腐病为害严重。葡萄在年绝对低温平均在 -14℃ 以下的地区,要埋蔓越冬;南方却没有冻害的危险。南方葡萄的生育期长,可选择适宜品种,利用葡萄当年枝蔓形成混合芽的特性进行枝梢处理,并充分供给水肥,使其多次结实。因此,在葡萄栽培上既要充分发挥北方生态条件的优势,又要充分利用南方栽培的有利条件,配合使用植物生长调节剂等增产技术,使之得到更好的发展。

一、用于催芽、促根、控梢

1. 赤霉素用于打破葡萄种子休眠

使用方法 将葡萄种子浸泡在 8 000 毫克/升的赤霉素溶液中 20 小时。

效果 可代替低温层积处理,打破种子休眠,促进萌发。若未使用赤霉素打破休眠,通常种子需在低温(3℃)层积 3 个月后才能发芽。

2. 吲哚丁酸用于促进葡萄插条生根

使用方法 有 3 种方法:①快浸法。用吲哚丁酸或吲哚乙酸的 1 000 毫克/升溶液(取 1 克吲哚丁酸,用少量乙醇溶解,然后加水至 1 升,即为 1 000 毫克/升浓度吲哚丁酸溶液),放在平底盆内,溶液深度为 3～4 厘米,然后将一小捆一小捆插条直立放于容器内,浸 5 秒钟后取出,晾干即可扦插于苗床中。②慢浸法。将吲哚丁酸配制成浓度为 25 毫克/升(易生根的品种)～200毫克/升(不易生根的品种)的溶液,再将插条基部放入溶液中浸泡8～12小时,然后取出扦插。③蘸粉法。把吲哚丁酸配制成粉剂(即取1克吲哚丁酸,用适量95%乙醇或60度烧酒溶解,然后再与1 000克滑石粉充分混合,乙醇挥发后即成1 000毫克/千克的吲哚丁酸粉剂),将插条基部用水浸湿,再在准备好的吲哚丁酸粉剂中蘸一蘸,抖去过多的粉末,插入苗床中。

效果 诱导葡萄根原基的形成,促进插条生根,提高插条成活率,促进苗木生长健壮。

注意事项 要注意吲哚丁酸的效期,配制的吲哚丁酸溶液效期只有几天,粉剂的效期可保持数月,故溶液剂最好现用现配,以免失效。

3. 萘乙酸用于促进葡萄插条生根

使用方法 选取直径0.6厘米以上的嫩枝,剪成15～20厘米长的插条,留2～3个节,上部保留1片叶,下部叶片剪除。扦插前浸泡于20～80毫克/升的萘乙酸溶液中8～12小时,然后扦插于苗床中,并保温、保湿。

效果 扦插后1个月左右插条即可发根,发根率达100%。

4. 矮壮素用于促进葡萄花芽分化

为了促进主梢上花芽分化,一般在新梢15～40厘米长时喷洒500毫克/升的矮壮素溶液。为促进副梢上芽的分化,可在花前2周喷洒300毫克/升的矮壮素溶液。

5. 多效唑用于抑制葡萄春梢主蔓及副梢生长

使用方法 叶面喷施2 000毫克/升多效唑溶液,或用粉剂土施1.5克/平方米。

效果 多效唑可明显抑制葡萄春梢主蔓及副梢的生长,可节省摘心、打杈的劳动力,使巨峰葡萄显著增产。

6. 调节膦用于控制葡萄副梢生长

使用方法　在盛花期喷洒 400～800 毫克/升的调节膦溶液。

效果　副梢生长量仅为对照的 5.68%～11.58%,增强了树势,使着果率和产量大幅度提高,每公顷葡萄可增产 3 840～5 800 千克,穗重、粒重也有增加。

7. 调节膦用于抑制玫瑰香葡萄副梢生长

使用方法　在葡萄浆果膨大期喷洒 500～1 500毫克/升的调节膦溶液。

效果　明显抑制副梢生长。玫瑰香副梢生长量为对照的 38%～43%,红玫瑰副梢长度为对照的 37%～42%。

8. 吲哚丁酸用于促进葡萄插条生根

使用方法　取一年生(充分成熟)、生长健壮、芽眼饱满、无病虫的枝条,剪成插条、基端放入 50 毫克/升的吲哚丁酸溶液中浸泡 8 小时,或放入1 000毫克/升的吲哚丁酸溶液中浸 5 秒钟,待枝条吸收溶液后埋于湿沙中促根。

效果　促使葡萄插条生根效果显著,生根率明显提高。

注意事项　①要配准浓度和控制浸蘸插条时间。②浸蘸后的插条埋于沙中,保持干湿适宜,防止过干过湿,以免影响促根。

9. 矮壮素用于控制葡萄新梢徒长

使用方法　在新梢旺长初期、葡萄开花之前使用矮壮素。对玫瑰香、小白玫瑰、雷司令等品种,用 100～400 毫克/升的矮壮素溶液喷施;对巨峰葡萄用 500～800 毫克/升的矮壮素溶液喷施。

效果　枝梢生长量比对照减少 1/3～2/3,副梢生长量也减少。

注意事项　①葡萄喷施矮壮素控梢,效果随着浓度提高而增强,但不能超过1 000毫克/升。浓度高于1 000毫克/升时,会使葡萄叶片边缘褪绿、发黄,浓度超过3 000毫克/升时,会长期受害不易恢复。因此,喷施矮壮素要注意使用浓度。②不同品种的葡萄对矮壮素控梢的效果不一致,要根据品种和自然条件而选用适宜的浓度。

10．比久用于控制葡萄新梢徒长

使用方法　喷施比久的时间要比矮壮素早7～10天,喷施浓度为2 000～3 000毫克/升,可根据葡萄品种确定喷施浓度。

效果　使葡萄茎枝节间缩短,叶色加深,叶片小而厚,叶绿素增加。比久控制葡萄新梢生长不如矮壮素强烈,抑梢效应产生时间比矮壮素迟。

注意事项　要先做试验,然后再实地使用。

11．多效唑用于控制葡萄新梢徒长

使用方法　适用于肥水条件好、长势旺盛的葡萄。春季葡萄发芽前至初发芽时,每株用15%多效唑可湿性粉剂3克,对水2～3升,挖环状沟浇施;也可在葡萄花前7～10天,用1 000毫克/升的多效唑溶液喷雾。

效果　可抑制葡萄主梢和副梢徒长,使其节间缩短,叶色浓绿,提高着果率,起到人工剪枝作用,平均增产28%～38%。

注意事项　①对幼龄葡萄和老龄葡萄园每株用多效唑1～3克,对长势旺盛的壮年树,可适当提高用量。②不可连年使用多效唑,第一年使用后第二年如仍要用,需减少用量,第三年不宜再用。

二、用于调控花序性别、促使单性结果和产生无核果

1. 细胞分裂素用于调控葡萄花序性别

用细胞分裂素类物质多氯苯甲酸的1 000毫克/升溶液在欧洲葡萄雄株大孢子母细胞阶段喷施,可使雄株转变为雌株。

2. 赤霉酸用于提高葡萄果实无核率

使用方法 在白香蕉葡萄花前10天喷施100毫克/升的赤霉酸溶液。

效果 其无核率达65.9%,无核率在50～400毫克/升的范围内随浓度增加而提高。玫瑰香品种喷施400毫克/升的赤霉酸溶液,无核率可达98%。

3. 对氯苯氧乙酸加赤霉素用于促进巨峰葡萄形成无籽果实

使用方法 在葡萄盛花前5～10天,以15毫克/升的对氯苯氧乙酸和20毫克/升的赤霉素混合溶液喷洒葡萄花序。

效果 诱导单性结实效果显著,并可增加着果率和穗果数,无籽率达92.2%～99.5%,无籽果平均重5.25～5.95克。穗轴不硬化,果实含糖量比对照高1.9%,风味好,成熟期提早10～15天。

4. 苄基氨基嘌呤加赤霉酸用于促使白玉葡萄形成无籽果实

使用方法 在白玉葡萄95%的花朵开放时,用苄基氨基嘌呤200毫克/升的溶液加上赤霉酸200毫克/升的溶液,混合后浸沾花序。

效果 可保持苄基氨基嘌呤处理的高着果率,使无核果

率增至 97.4%，无核率比自然结果提高 53.0%，完全符合商品要求。

注意事项　单用赤霉酸 200 毫克/升溶液浸蘸花序，其无核率为 84.9%，比对照增加 42.5%；单用 200 毫克/升的苄基氨基嘌呤溶液浸蘸花序，其促进单性结实的效果不如赤霉酸，无籽果率为 58.3%，仅比对照增加 15.9%，但着果率比单用赤霉酸处理的高 31.4%。

5. 赤霉素用于诱导葡萄单性结实

使用方法　此法适用于无核白和玫瑰露葡萄品种，通常以 100 毫克/升的赤霉素溶液在盛花前 14 天左右浸花序，操作时要稍加震动，使花序充分沾上溶液，让花粉失去发芽力。此法的缺点是易使果粒变小。因此，宜在盛花后 10 天左右再用 100 毫克/升的赤霉素溶液浸果穗 1 次。在大面积葡萄园中可在盛花开始后 12 天左右喷施 100～200 毫克/升的赤霉素溶液，注意要喷在花序上，不能喷在叶片上。

效果　无核白葡萄上的二三次枝花序脱落减少，鲜葡萄产量增加 74%，葡萄干产量增加 50.3%。玫瑰露葡萄含籽较多，使用赤霉素后，葡萄花粉和胚囊的发育速度不一致，从而形成无籽果实，无籽率达到 95% 左右。

注意事项　①赤霉素诱导单性结实只适用于部分葡萄品种，用于巨峰葡萄却无此作用，反而会形成小果、青果，影响食用价值。对其他葡萄品种能否使用，需要在试验后再定。②赤霉素对其他欧洲种无核品种和种子易败育而落粒的品种，也有提高无籽果粒坐果的效应，但低浓度（小于 20 毫克/升）的赤霉素溶液会促进新梢生长，反而促使果粒脱落，特别是盛花期喷施更易引起落果，造成减产。

三、用于促花控花、疏果保果

1. 比久用于促进葡萄坐果

使用方法 葡萄新梢生出 6～7 片叶时,全株喷施 1 000～2 000毫克/升的比久溶液 1 次。

效果 可抑制新梢生长,促进坐果。

注意事项 比久的作用温和,当使用浓度加大时,只会增加对茎生长的抑制程度,不会毒死作物。

2. 矮壮素用于提高玫瑰香葡萄着果率

使用方法 在玫瑰香品种盛花前 7～10 天,用 100～200 毫克/升的矮壮素溶液喷洒花穗或浸蘸花穗。

效果 可以提高着果率22.3%,果穗变紧,外形美观,减少大小粒现象。

3. 丰收素用于提高葡萄着果率

在葡萄花前 1 周和花后各喷洒 1 次5 000倍的丰收素溶液,着果率提高 78.97%。另用6 000倍的丰收素溶液加入 0.2%硼砂喷洒,可提高着果率 80.9%,用4 000倍的丰收素溶液加入 0.3%硼砂喷洒,着果率提高至 84.69%。

4. 矮壮素用于促使葡萄果穗增加果粒

使用方法 当巨峰葡萄花开放达 30%时,以2 000毫克/升的矮壮素溶液喷洒花穗。

效果 每穗坐果数可达 67.1 粒,而对照只有 42.2 粒,着果率提高 59%;株产 13.4 千克,比对照株提高 4.9 千克,果粒着生紧密,穗形美观,经济效益明显提高。

5. 比久和硼砂用于促进葡萄坐果,提高果实含糖量

使用方法 于巨峰葡萄盛花期喷洒 500～1 000毫克/升

的比久溶液加 0.3% 硼砂。

效果　对坐果有促进作用,平均着果率达 36%,以 1 000 毫克/升的比久溶液处理效果较佳。在比久溶液中加入 0.3% 的硼砂,进行混合喷施效果更佳。

注意事项　单独喷洒比久对果实含糖量和成熟期无明显影响,与硼砂配合使用可显著提高果实含糖量。

6. 赤霉素用于无核白葡萄疏果

使用方法　在花期用 5～20 毫克/升的赤霉素溶液全株喷 1 次。

效果　降低着果率 50% 左右,花后再用同样浓度赤霉素溶液喷果 1 次,能增大果粒。

7. 叶面宝用于提高葡萄果实质量

使用方法　在葡萄盛花期、落花期、落果期各喷施 1 次 0.008% 的叶面宝溶液。

效果　增加叶片色泽,加厚叶片肉质,延长叶片有效功能期,提高着果率及单果重,增加果实的可溶性固形物含量,增产增收。

8. 萘乙酸用于葡萄疏果

使用方法　在开花后 4～12 天,用 100～150 毫克/升的萘乙酸溶液喷洒。

效果　有较好的疏果作用。

注意事项　主要用于果穗过于密集的品种,防止果穗腐烂,增大果粒。

9. 大果乐用于增加葡萄粒重

使用方法　在葡萄花后 5 天和 15 天分别用手持喷雾器对花穗(果穗)均匀喷洒大果乐。

效果　使巨峰葡萄粒重平均增加 50.7%,糖度提高 1

度,产量增加112%;使藤稔葡萄粒重平均增加56.6%,穗重增加58.4%,糖度提高0.8度,产量提高211%。使用效果十分显著。

10. 坐果膨大剂用于防大棚、温室葡萄落果

使用方法 在大棚葡萄开花后7~10天,以该剂每毫升原液对水1~2升,喷穗或蘸穗,隔10天后再处理1次。

效果 防止大棚、温室葡萄落果,促进葡萄果粒膨大,提早采收,提高含糖量,改善品质。

11. 赤霉素用于提高葡萄着果率

使用方法 在盛花后10~20天,对幼果喷洒100~200毫克/升的赤霉素溶液。

效果 显著提高坐果数,单产提高50.3%。

12. 多效唑用于提高山葡萄产量

使用方法 4 000~5 000毫克/升的多效唑溶液,在山葡萄盛花末期叶面喷施。

效果 抑制新梢生长,提高产量40%,减少架面管理用工量30%~50%。

13. 防落素用于提高玫瑰香葡萄着果率

使用方法 在玫瑰香葡萄落花后,喷洒100~300毫克/升的防落素溶液。

效果 着果率比对照株提高11.7%~22.4%,百粒重增加18.9%~25.3%,单株增产23.3%~31.5%。

14. 助长素用于提高葡萄果实含糖量

使用方法 在葡萄浆果膨大后期,以500~1 500毫克/升的助长素溶液喷洒副梢和叶片。

效果 显著抑制副梢生长,使养分集中于浆果,提高浆果含糖量和产量,提早成熟。

15．比久用于增加牛奶葡萄浆果与果柄之间的耐拉力

使用方法　在牛奶葡萄采收前1个月，对果穗喷洒1 000毫克/升的比久溶液，隔20天再喷洒1次。

效果　增加浆果和果柄之间的耐拉力有明显效果，其耐拉力比对照增加267克。耐拉力增强，可减少运输过程中的脱粒损失。

四、用于催熟、保鲜

1．乙烯利用于促进葡萄果实早熟

使用方法　7月下旬和8月初对葡萄各喷施1次2 000毫克/升的乙烯利溶液。

效果　葡萄果实提前10天左右成熟，成熟整齐，风味、品质俱佳。

2．比久用于延长葡萄保鲜期

使用方法　葡萄采收后将果实在2 000毫克/升的比久溶液中浸蘸几秒钟。

效果　室温条件下，20天内果实仍保持新鲜。

第五章　植物生长调节剂在桃子生产中的应用

桃原产于中国陕西、甘肃、西藏东部和东南部高原地带，黄河与长江的分水岭、河南南部、云南西部有野生桃分布。现桃的分布已遍及全世界。据联合国粮农组织1981年统计，全世界桃总产量约为731万吨，居落叶果树产量的第四位，其中欧洲占 45%,以美国和意大利产量最多。

近来世界桃产量有上升趋势,主要由于各国引进优质、耐寒品种,选适宜土壤及自然环境条件开辟桃园,改进运输贮藏方式,特别是冷藏车及铁路保温车的使用,解决了远距离运输的困难。

桃果外观艳丽,营养丰富,风味优美,具有特殊香气,果肉含糖量为 7%~12%,含有机酸 0.2%~0.9%,还含有少量蛋白质、脂肪、粗纤维、胡萝卜素、维生素 C 及钙、铁等物质。桃树适应性强,栽培容易,除严寒酷热地带外,南北都有适宜的品种栽培。桃开始结果早,盛果期早,早期收益高,如管理得当极易丰产,即使管理粗放些,也有一定的收成。

桃寿命短,一般经 20~30 年即渐次衰老,果实不耐贮运,根忌积水,树喜光怕阴,叶对农药特别敏感。对这些缺点,应在栽培时加以注意。

桃属于蔷薇科,李亚科,桃属。桃树对环境条件有一定的要求。

第一,要温度适宜。桃是喜温的温带果树,由北纬 50°到南纬 35°~40°都有分布,而经济栽培多在北纬 25°~45°之间。南方品种群比北方品种群更能耐夏季高温,生长期温度过低的地方,树体不能正常发育,果实不能成熟。大多数品种以生长期月平均温度达到 24℃~25℃ 则产量高,品质佳;温度过高、过低时,果实品质下降。

桃在冬季需要一定的低温,才能正常通过休眠阶段,如果冬季不能满足桃树对低温的要求,则不能正常解除休眠,以致翌春萌芽、开花期显著延迟,而且生长不整齐,甚至花蕾中途枯死脱落。对此,可以使用植物生长调节剂来解除休眠,以提高果实的产量和品质。

第二,桃对其他气候因素也有一定的要求。桃原产于干燥气候地区,枝叶适应较低的空气湿度,雨水过多,空气湿度高影响受精坐果。生长期多雨会使枝叶徒长,病害增多,果实着色不良,品质降低,味淡,容易落果,不耐贮藏。

桃虽喜干燥,而在生长期却需要充足的水分。如果在胚仁形成、果核形成初期和枝条迅速生长期缺水,容易引起落果,并使枝条生长不良,妨碍果实肥大,叶片同化作用亦受抑制,养分积累减少。

第三,桃对土壤要求不严,一般土壤均可栽培,而最喜微酸性和中性壤土和砂壤土。桃在砂质土和砾质土中栽培时,其生长结果过程较易控制,进入结果期早,果实品质较好,如管理得当,盛果期较长产量较高。在粘质土或肥沃地中栽培时,树势强,如控制不当,容易落果,早期产量低,果形小,味淡,贮藏性差。在粘质土上栽培时,只要注意改良土壤,增加土壤中的有机质,注意排水,也易获得高产,且盛果期长。

桃树栽培中,使用植物生长调节剂,也是促进优质高产的有效措施之一,现将这方面的应用技术介绍如下。

一、用于催芽、促根、控梢

1. 赤霉素用于提高毛桃种子发芽率

使用方法　将当年采收的毛桃脱去果肉,砸去外壳,果仁放入清水中浸3~4小时,在种皮吸水后去掉全部或种子尖端(占种子长度的1/3)种皮,放入60毫克/升的赤霉素溶液中浸泡6小时,用清水洗净后播种。

效果　经处理的种子发芽率高,幼苗生长迅速,可提前一年培育出标准砧苗。

2．赤霉素用于促进桃种子发芽

使用方法　将桃的种子放在接近0℃条件下的湿沙中层积35天,然后取出种子,用100～200毫克/升的赤霉素溶液浸泡24小时,再进行催芽。

效果　16天后,经赤霉素处理过的种子发芽率为70%～80%,未处理的发芽率仅30%。

3．萘乙酸用于提高桃树绿枝插条生根率

使用方法　于5月份,选取五月鲜、白凤、土仓、大久保等10～15年生植株的新梢作插条。插条长15～25厘米,保留上、中部叶片,基部用750～1 500毫克/升的萘乙酸溶液快速浸蘸5～10秒钟,扦插于以砂质苗床上,扣上塑料薄膜拱棚,棚内间断喷雾洒水,保持温度20℃～30℃,空气相对湿度90%以上。插穗生根后,生根苗可直接移植于露地苗床。移植后浇透水,在行间插树枝遮阳,缓苗7～10天后,除去遮阳物。

效果　经处理后的桃树绿枝扦插,生根率达80%～90%,生根苗移植露地苗床,成活率达90%以上,苗木生长健壮。

4．多效唑用于抑制大棚桃树枝梢生长

使用方法　有3种方法:一是叶面喷洒。摘心后新梢到15～25厘米时,喷洒200～300倍的15%多效唑可湿性粉剂溶液,每隔10～15天1次,连续喷洒2～3次。在扣棚前和揭棚膜后,即7月中旬至8月上中旬,再每隔10～15天喷洒1次,连续喷洒2～3次。二是土施。在秋季和早春,在树冠投影下根系分布区挖15厘米深的环状沟,多效唑用水溶解,混匀后倒入沟内,然后覆土。一般2年生旺长树每株施用1克(含量15%)多效唑可湿性粉剂。多效唑的用量随树龄增加而增加,如2龄树用1克,3龄树2克,4龄树3克,5龄树4克等。三是树干涂抹法。桃树在生长季或休眠期,将多效唑可湿性粉剂放在杯中,用水混匀,然后用小刷子涂抹在主枝以下的树干上,多效唑用量与土施相同。

效果　抑制桃树枝梢生长,减少生长季修剪次数,使树冠矮小、紧凑,长势中等。

5. 矮壮素用于桃树控梢

使用方法　于7月份前,用69.3%矮壮素的2 000～3 000倍溶液喷施新梢1～3次。

效果　抑制桃树新梢伸长,新梢停止生长后,促进叶片成熟及花芽分化。一般新梢停止生长后30～45天完成花芽分化。

6. 苄基氨基嘌呤用于促进桃树萌芽、开花

桃树萌芽前4周喷施200毫克/升的苄基氨基嘌呤溶液,促进桃树萌芽、开花。

7. 多效唑用于抑制桃树新梢生长

使用方法　在旺盛生长前1.5～2个月之前按每1平方米地面喷洒500～1 000毫克/升的多效唑溶液1升,土施按每平方米0.125～0.25克多效唑粉剂,撒入土中。面积按树冠投影计算。最好在前1年晚秋施入。如喷洒叶面则抑制效果很快产生,可在旺盛生长开始时(新梢平均长5～10厘米)时施用。

无论土施或洒施,尽可能和根系充分接触,使多效唑分布均匀。

效果　强烈抑制桃树新梢生长,枝条节间缩短,副梢长度和数量减少,树冠缩小,改善树冠内通风透光条件,缓和营养生长,促进生殖生长和花芽分化。

二、用于疏果、保果

1. 氨基乙基乙烯甘氨酸用于提高桃子质量

使用方法　在桃树花前喷施 0.5%的氨基乙基乙烯甘氨酸(AVG)溶液。

效果　有效抑制桃树顶芽生长,延迟开花 10 天左右,枝条节间缩短,叶片增多、增厚,桃果硬度增加,可溶性固形物提高,对五月火油桃有明显的降酸作用。其作用随浓度增加而加强。

2. 细胞分裂素用于提高桃子质量

使用方法　桃落花后,立即喷洒 1 000 倍细胞分裂素溶液,喷后不到 6 小时遇下雨时,要补喷 1 次。

效果　增加叶色,叶片加厚,枝条节间变短,着果率提高 22.4%,单果重增加 13.2%,减轻桃核,增进果实着色,改善品质,总糖量提高 0.6 度,可溶性固形物提高 1%,果酸则下降。

3. 乙烯利用于桃树疏花、疏果

使用方法　桃花开放达到 80%~100%时,喷施 30~200 毫克/升的乙烯利溶液。

效果　有效地疏花疏果。

注意事项　乙烯利浓度大于 200 毫克/升时,喷施后有时发生果枝和大枝流胶和落叶。

4. 整形素用于白凤桃疏果

使用方法　盛花后 7 天用 30~60 毫克/升的整形素喷洒。

效果　处理后 1~2 周内出现落果高峰,落果时间较对照提早 2~3 周,比人工疏果降低费用 50% 以上,使果实提早 1 周采收,显著增加效益。

注意事项 树龄小的疏果量大,喷施后数日遇高温高湿天气,则疏果量也大。

5.萘乙酸用于桃树疏果

使用方法 桃树花后 20~45 天喷洒 40~60 毫克/升的萘乙酸溶液。

效果 有很好的疏果作用。

6.比久用于增加桃子好果率

使用方法 在桃硬核期前用 2 000 毫克/升的比久溶液喷洒 2~3 次。

效果 改善桃果的钙素营养,减轻青斑病,增加好果率。

三、用于催熟

1.细胞分裂素用于桃子催熟

使用方法 在桃树落花后,全树喷洒 600~1 200 倍的细胞分裂素溶液,每树喷洒量 2 升。

效果 提高着果率,增大果实,果实成熟提早 3~5 天。处理后的果实总糖量增加,含酸量下降,成熟度和着色度提高。使用 800 倍液的效果最佳。

注意事项 将溶液喷洒在幼果上。

2.比久用于桃子催熟

使用方法 在早中熟品种的硬核期或晚熟品种采收前 45 天左右喷洒 1 000~3 000 毫克/升的比久溶液。

效果 促进着色,加速桃子成熟,使之提早 2~10 天收获,提高成熟整齐度和果实硬度。

3.乙烯利用于五月红桃子催熟

使用方法 果实成熟前 15～20 天喷洒 400～700 毫克/升的乙烯利溶液。

效果 提早成熟 5～10 天,催熟效果随浓度增加而提高,果实色泽鲜艳,可溶性固形物提高,风味更佳,经济价值有所提高。

第六章 植物生长调节剂在樱桃生产中的应用

樱桃是落叶果树中果实成熟最早的水果,素有春果第一枝的美誉。樱桃果实外表美丽,营养价值很高,每 100 克可食部分含碳水化合物 12.3～17.5 克,蛋白质 1.1～1.6 克,有机酸 1.0 克,含维生素、胡萝卜素为苹果含量的 2.7 倍,维生素 C 的含量超过苹果和柑橘,含较多的钙、磷、铁,其中铁的含量在水果中居首位。

樱桃是蔷薇科,李属植物,世界上作为果树栽培的仅有 4种,即中国樱桃、欧洲甜樱桃、欧洲酸樱桃和毛樱桃。

樱桃喜温不耐寒。中国樱桃原产于长江流域,适应温暖潮湿的气候,耐寒力弱。欧洲甜樱桃和欧洲酸樱桃适应比较凉爽干燥的气候,冬季最低温度不能低于 -20℃,过低的温度会引起大枝纵裂和流胶。夏季高温干燥对甜樱桃生长不利。在开花期温度降到 -3℃ 以下花即受冻害。

樱桃对水分很敏感,既不抗旱,也不耐涝。樱桃根系要求土壤有较高的氧气含量,如果土壤水分过多、氧气不足,将影响根系的正常呼吸,树体不能正常地生长发育,引起烂根,流胶,严重的将导致树体死亡。

樱桃是喜光树种。光照条件好时,树体健壮,果枝寿命长,花芽充实,着果率高,果实成熟早、着色好、糖度高、酸味少。光照条件差时,树体易徒长,树冠内枝条衰弱,结果枝寿命短,结果部位外移,花芽发育不良,着果率低,果实着色差、成熟晚、质量差。甜樱桃适宜在土层深厚、土质疏松、透气性好、保水力较强的砂质土或砾质壤土上栽培,最忌粘重土壤。樱桃树对盐渍化的程度反应很敏感,适宜的土壤 pH 值为5.6~7。樱桃根系一般比较浅,抗风能力差。

樱桃生产过程中可利用植物生长调节剂促进树体生长发育,提高果实的品质和产量。

一、用于催芽促根、促长控梢

1. 赤霉素用于促进甜樱桃种子发芽

使用方法　刚采收的种子立即放在 100 毫克/升的赤霉素溶液中浸泡 24 小时,可以代替 2~3 个月的后熟期,或将樱桃种子在 7℃湿沙中层积 20~30 天后,再浸泡在 1 000 毫克/升的赤霉素溶液中 24 小时。经赤霉素处理后的种子即可进行发芽。

效果　发芽率可达 75%～100%,而在 3℃条件下,进行后熟处理,至少要经 6 个月才能发芽。

2. 赤霉素用于提高毛樱桃夏播种子出苗率

使用方法　采收的毛樱桃种核,除去核壳,剥去种皮,清水浸种 12 小时,然后用 1 000 毫克/升的赤霉素溶液浸种 5 小时。经处理后的种子进行夏播。

效果　种子出苗率可达 56%,比仅用清水浸种的出苗率提高 16%。

3. 萘乙酸用于促进樱桃试管苗扦插生根

使用方法　取樱桃休眠枝或正在生长的绿枝,消毒后插到附加萘乙酸 1.2 毫克/升,苄基氨基嘌呤 0.5 毫克/升的 MS 培养基上,经过 40 天培养就可长出丛生芽,以后每日增殖 1 次,可获得大量的无根苗。当试管苗长到 6～8 片叶子时,如外界气温已达到 15℃以上,即可打开瓶塞,在较强的光照下炼苗 5～7 天。从培养瓶中选取生长势旺、茎粗的无根苗,剪成长 3～4 厘米,上部具有 2 片正常叶子的老段,然后将茎段基部放在 90～150 毫克/升的萘乙酸溶液中浸蘸 5～10 分钟,取出插入预先准备好的苗床或花盆内,床土下面铺有园土和腐熟农家肥的混合土,上面铺有 5 厘米厚的河沙。扦插时苗床先浇透水,扦插后保持湿润,防止阳光直射。

效果　经萘乙酸处理的试管苗,3 天即可见根,8 天根长可达 0.7 厘米。

4. 多效唑用于抑制樱桃树营养生长

使用方法　将多效唑以每株 0.5～1.6 克有效成分的剂量土施,或以为 200～2 000 毫克/升的溶液叶面喷洒。

效果　可明显地抑制樱桃树的营养生长,利于开花结果,且效期长。

5. 乙烯利用于延迟甜樱桃开花期

使用方法　于 9～10 月份对树体喷施 250～500 毫克/升的乙烯利溶液。

效果　使植株延迟开花,减少春霜的危害。如果处理不当,会产生树体流胶、芽脱落、着果率低等副作用。

6. 比久加乙烯利用于使樱桃矮化

使用方法　枝条长到 45～65 厘米时,对芽喷洒 1 500 毫克/升的比久加 500 毫克/升的乙烯利溶液。

效果 对樱桃有较好的矮化效果。

7．比久用于促进樱桃花芽分化

使用方法 用 500～3 000毫克/升的比久溶液,从盛花后 15～17 天起,每隔 10 天喷洒树冠 1 次,连续喷洒 3 次。

效果 能明显地促进花芽分化。

8．多效唑用于增加樱桃短果枝数

用 200 毫克/升的多效唑溶液,在落花后喷洒叶面,具有花芽的短果枝数明显增加。

9．青鲜素加乙烯利用于提高樱桃抗寒性

使用方法 秋季对樱桃树喷洒浓度为 500～3 000毫克/升的青鲜素加 300 毫克/升的乙烯利的混合液。

效果 抑制樱桃新梢生长,增加新梢成熟度和木质化程度,提高花芽的抗寒性。

二、用于促果、保果

1．多效唑用于增加甜樱桃单果重

在 3 月份,每株土施 0.8～1.6 克(有效成分)的多效唑,可以增加甜樱桃的单果重。

2．赤霉素、生长素用于提高樱桃着果率

在樱桃花期喷洒赤霉素、生长素和细胞分裂素的混合液可提高坐果。赤霉素的浓度因品种不同而不同,范围在 50～200 毫克/升之间。生长素可用萘氧乙酸 50 毫克/升。

3．赤霉素用于提高大樱桃的着果率

使用方法 在盛花期喷洒 20～40 毫克/升的赤霉素溶液,或花后 10 天喷洒 10 毫克/升的赤霉素溶液。

效果　提高大樱桃的着果率。

4．比久用于促进樱桃果实增大

开花后 8 天,按每公顷 1.5 千克的比久,配成溶液,喷洒于酸樱桃树上,可促进果实增大。

5．赤霉素用于提高樱桃果实硬度

在甜樱桃收获前,用 20 毫克/升的赤霉素加 3.8% 的氯化钙溶液,用于浸蘸果实,果实硬度有较大提高。

6．萘乙酸用于减少甜樱桃裂果

在甜樱桃收获前 25～30 天,对那翁、滨库等品种的果实,用 1 毫克/升的萘乙酸溶液浸蘸,裂果减少 25%～30%。

7．赤霉素用于提高樱桃果实重量

樱桃收获前 20～22 天,用 10 毫克/升的赤霉素溶液喷洒果实,明显提高樱桃果实的重量。

8．赤霉素加氯化钙用于减少甜樱桃裂果

用浓度为 12 毫克/升的赤霉素加 3.4 克/升的氯化钙水溶液,从收获前 3 周开始,连续喷洒于滨库等甜樱桃果实上,两次喷洒之间间隔 3～6 天,显著减少裂果。

9．赤霉素用于防止甜樱桃裂果

甜樱桃收获前 20 天喷洒 1 次 5～10 毫克/升的赤霉素溶液,甜樱桃果皮破裂率明显减少,提高果实质量。

三、用于促熟、保鲜

1．比久用于樱桃催熟

使用方法　在樱桃盛花后 2 周,用浓度为 2 000 毫克/升的比久溶液喷洒那翁等甜樱桃的果实上。

效果　催熟果实,提高果实整齐度。

2. 苄基氨基嘌呤用于延长甜樱桃果实保鲜期

使用方法　甜樱桃采收后，用 10 毫克/升的苄基氨基嘌呤溶液浸泡，在 21℃ 条件下保存 7 天。

效果　经处理的可保持果梗绿色和果实新鲜（对照果梗枯萎变褐），减少贮存期间的鲜重损失。

第七章　植物生长调节剂在梨生产中的应用

梨是我国的主要果树，栽培历史悠久，分布遍及全国。据 1986 年统计，梨果总产量 200 万吨，仅次于苹果和柑橘，位居第三。

梨既可生食，又可制梨酒、梨膏、梨脯、梨汁和罐头等。梨的营养价值高，每 100 克可食部分中含蛋白质 0.1 克，脂肪 0.1 克，碳水化合物 12 克，钙 5 毫克，磷 6 毫克，铁 0.2 毫克，胡萝卜素 0.01 毫克，维生素 C 3 毫克。这些营养成分是人体中不可缺少的物质，且具有一定的保健作用。

梨是重要的出口果品之一，出口的品种达 30 余个，每年出口鲜果数万吨。随着食品工业和外贸事业的发展，优质梨的生产必将有更大的发展。

梨的适应性强，全国各地几乎到处可栽。梨的寿命长，产量高，树的经济寿命可达 30～80 年。梨在夏秋成熟，经过贮藏可做到周年供应市场，因此，发展梨果生产对满足国内外市场的需要，促进国民经济的发展，具有重要的意义。

我国在梨的生产上还存在不少问题。主要是单产较低，品质不高，优良品种推广不够，大型专业化生产基地少，劳动生产率不高。因此,充分利用丰富的梨树资源,培育良种,实现栽培良种化、区域化,因地制宜,合理规划,注意调节梨树的生长发育,提高果实品质和产量,是目前梨果生产上的当务之急。

梨属于蔷薇科,梨亚科梨植物,对环境条件有一定的要求。梨因种类、品种及原产地的不同,对温度、湿度和其他环境条件的要求差异很大。梨的不同器官耐寒力也不相同,其中以花器、幼果最不耐寒。梨是异花授粉果树,传粉需要昆虫媒介,花期天气晴朗、气温较高,授粉受精一般良好,可望当年增产;若花期连续阴雨,温度变化过大,常导致授粉受精不良,落花、落果严重,造成减产。梨的生长发育需充足的水分,水分供应不足,枝条生长和果实发育会受到抑制;雨水过多,湿度过大,亦非所宜。梨的根系生长需要一定的氧气,土壤空隙中若全部充满水分时,根系只能作无氧呼吸,会引起植株死亡。雨量及湿度大小对果皮着色度影响较大,在多雨高湿气候中发育的果实,果皮的角质层往往破裂,果点较大,果面粗糙,缺乏固有光洁的色泽。梨喜光,光照不足往往生长过旺,出现徒长,影响花芽分化和果实发育;光照严重不足,树体长势会逐渐衰弱,甚至死亡。梨对各种土壤都能适应,无论砂土、壤土和粘土都可栽培。由于梨的耐旱性较弱,故以土层深厚、土质疏松肥沃、透水和保水性能较好的砂质壤土最为适宜。梨对土壤中的酸碱度的适应范围较大,而以 pH 值 5.8～7 最为适宜。梨树耐盐碱能力较强,土壤含盐量不超过 0.2%时生长正常。梨对地势选择不严格,不论山地、丘陵、平原、河滩都可栽培。

植物生长调节剂在梨的生产中,应用较广,目前常用有如下 10 多种。

一、用于促梢、控冠

1. 矮壮素用于抑制苹果梨枝条生长

使用方法 对树龄 7 年以上的苹果梨每年喷施 2 次矮壮素,第一次在芽苞萌动前喷施,第二次在新梢和幼叶长出时喷施,矮壮素溶液的浓度为 0.5%。

效果 明显减少枝条生长量,增加短果枝和叶丛数,提高着果率和果实产量。经矮壮素处理后植株的发芽期比对照推迟 7~10 天,开花晚 3~4 天,枝条在 5~7 月份的生长量仅分别为对照的 38.9%,45.5% 和 47.3%,短果枝和叶丛数分别比对照多 3.5% 和 19.9%,着果率比对照提高 62%,单株产量比对照增加 171.7%。

2. 乙烯利用于秋白梨幼树促花控冠

使用方法 在盛花期后 30 天左右,喷洒 1 次 1 000~1 500 毫克/升的乙烯利溶液,或以 500 毫克/升的乙烯利溶液,间隔 7 天喷洒 1 次,共喷洒 2 次。

效果 控梢促花效果比较明显。1 000 毫克/升、1 500 毫克/升 2 个不同浓度乙烯利溶液处理的新梢长度为对照的 63.1%~73.2%,节间长度为对照的 82.7%~86.2%。由于新梢生长和节间长度均被明显抑制,使树冠呈矮小紧凑状态,起到了控冠作用。

3. 矮壮素用于控制梨树新梢生长

使用方法 梨树花后 10 天用 2 000~3 000 毫克/升的矮壮素溶液喷洒。

效果 控制新梢生长。

注意事项 ①要在经试验的基础上确定使用浓度。②可与比久混合使用,提高控梢、增花效应,但不可与赤霉素、生长素混用。

二、用于疏果、保果

1. 比久用于使幼龄梨树增加产量

使用方法 对幼龄树在 5 月上中旬喷洒 1 500 毫克/升的比久溶液 2～3 次。

效果 新梢长度缩短 54%～74%,使 2～4 年生幼树的花量比对照增加 0.25%～11.4%,果实增产 1%～12.2%,5～6 年生树的花量增加 28%～35%,果实增产 19%～55%,果实大小均匀。

注意事项 对已结果的大树,从落花后 20 天开始,每隔 10 天喷洒 1 次 2 000～3 000 毫克/升的比久溶液,连喷 3 次,可提高花芽数量和质量,提高翌年的着果率,对克服大小年有一定的作用。

2. 赤霉素用于沙梨保花促果

使用方法 沙梨初蕾期喷洒 50 毫克/升的复合赤霉素溶液,在梨果生长中期喷施 50～150 毫克/升的复合赤霉素溶液。

效果 蕾期喷施有良好的保花、保果作用,着果率提高 2.7 倍。在梨果生长中期喷洒使果实增大,效果在适宜范围内随使用浓度增加而增大。

注意事项 考虑到使用费用,其浓度以 30～50 毫克/升较为适宜。

3. 萘乙酸钠用于雪花梨疏果

使用方法 雪花梨盛花期用 40 毫克/升的萘乙酸钠溶液

喷洒。

效果　可使疏果率达25%,可节省劳动力。

4．矮壮素用于提高梨树开花量

使用方法　在盛花后,每隔2周喷施低于500毫克/升的矮壮素溶液。

效果　能明显抑制新梢生长,提高翌年花量,增加产量。

注意事项　也可以喷施100～250毫克/升的乙烯利和500毫克/升的比久溶液。

5．比久用于防止梨幼果脱落及采前落果

使用方法　梨盛花后2周及采前3周各喷洒1次1 000～2 000毫克/升的比久溶液。

效果　能有效地防止幼果脱落及采前落果。

6．萘乙酸用于鸭梨疏果

使用方法　在开花后40天用20～50毫克/升的萘乙酸溶液喷洒,最好是用40毫克/升的浓度。

效果　花序坐果数比不喷萘乙酸的少21%～41%,减少人工疏果量44%～67%。

7．赤霉素用于提高茌梨受冻后着果率

使用方法　30年生莱阳茌梨在受到晚霜冻害后,于盛果期喷洒浓度为15毫克/升或50毫克/升的赤霉素溶液。

效果　可以提高茌梨着果率,减轻冻害损失。其中以喷50毫克/升的赤霉素溶液效果最好,比对照提高着果率7.21%。

8．诱抗素用于提高梨果实产量

使用方法　每袋15毫克的诱抗素对水15～30升,在梨开花前3天进行整株喷施。于阴天和傍晚施用,效果较好。

效果　促进花芽分化,提高着果率,增强抗寒、抗旱能力,改善果实品质,提高产量,提早成熟上市。

注意事项 遇干旱和低温时,提前 2～3 天喷施,施后 4 小时内如遇下雨,应补施。

9. 赤霉素用于提高梨着果率

使用方法 梨树萌芽期或盛花期喷施 20～50 毫克/升的赤霉素溶液。

效果 提高京白梨、洋梨、砀山酥梨等梨树品种的着果率,增加果实产量。在砀山酥梨盛花期喷施 20 毫克/升的赤霉素溶液 2 次,使梨树的着果率与人工授粉相似。

注意事项 ①喷施赤霉素要根据梨树品种使用适合的浓度。②赤霉素可诱导巴梨单性结实。

三、用于果实催熟

1. 乙烯利用于早酥梨果实催熟

使用方法 早酥梨果实横径达 55～60 毫米(约在采收前 25 天)时,喷洒 150 毫克/升的乙烯利溶液。

效果 比自然成熟期提早 10 天,达到采收标准的硬度 (6.6 千克/平方厘米)和可溶性固形物含量(9.6%),对果实大小无不良影响。

2. 乙烯利用于梨果实催熟

使用方法 对大多数品种梨都可于采收前 3～4 周全树喷洒 50～500 毫克/升的乙烯利溶液。乙烯利溶液的浓度因梨的品种和树势不同而有差别,菊水梨以 100～250 毫克/升为宜,八云梨以 400 毫克/升为宜,成熟期晚的鸭梨宜在盛花后 135～140 天喷施 600 毫克/升的乙烯利,树势弱的可降到 400 毫克/升,树势强可增至 800 毫克/升。

效果　促进果实成熟。

第八章　植物生长调节剂在
枣子生产中的应用

　　枣为鼠李科、枣属植物。原产于中国,原生种为酸枣,
3 000年前已有栽培。我国除北纬42°以北和青海、西藏、四川
西部等高寒地区以外,大部分地区都有分布,集中分布于北纬
23°～40°之间、东经105°以东。

　　枣果味鲜美,营养丰富,耐贮运,含糖量高,可代粮食,维
生素 C 含量约高于柑橘的 10 倍、苹果的 80 倍,并含有大量的
维生素 P(卢丁,每 100 克枣肉含 3.385 毫克),对高血压和动
脉粥样硬化等病有医疗作用。其叶含多量的维生素 C,可代
茶泡水饮用。枣木坚硬,纹理细致,可制轮轴,是国防和民用
良材。枣抗性强,花期长,多蜜,是良好蜜源植物和绿化树种。

　　枣适应性强,栽培容易,是贫瘠荒地栽培的先锋树种,其
年生长期短,可避免早霜和晚霜之害,且休眠期能耐 -31℃～
-28℃的低温,生长期耐旱、耐湿、耐高温、耐盐碱。枣多根
蘖,可分株育苗,繁殖容易,开始结果早,结果稳定,经济寿命
长,定植 1～2 年就能结果,结果期达 200～300 年。

　　枣对温度的适应性强,冬季能抗 -32.9℃严寒,夏季能耐
43℃高温,因此,北至辽宁兴城,南至广西东部的梧州、广东西
北部的郁南、连州均有栽培。枣在生长期需要较高的温度,气
温14℃～16℃时芽才开始萌动,至 17℃时才展叶和抽梢,
19℃～20℃时叶腋出现花蕾,至 20℃～22℃开始开花,开花
期气温达 25℃以上时坐果良好,日平均温度达 22℃～25℃

时,即进入盛花期。连日高温会加快开花过程,缩短花期。短时间的小雨不会影响枣花开放,大雨和连续阴雨,使温度大幅度下降,常会延缓花蕾开放时间,甚至影响坐果。

枣性喜干旱和充足光照,抗旱抗涝能力强。枣花期最适宜晴天有阵雨,而低温阴雨和有雾有风沙影响授粉受精,加剧落花、落果。幼果期怕风,果实成熟期遇干燥多阳光,果实含糖量增加,可提高果实品质,便于晒干果实,多雨往往造成裂果。枣对土壤的适应力强,不论砾质土、砂质土或粘质土、酸性土或碱性土,都可栽培。

枣的生产中,也广泛使用植物生长调节剂。

一、用于促生根、抑长梢

1. 吲哚丁酸用于促进金丝小枣茎段生根

使用方法 于5月中旬采集嫩枝枣头,用0.3毫克/升的吲哚丁酸溶液浸蘸。

效果 促进茎段快速生根。

注意事项 金丝小枣茎段离体繁殖,1年中最佳繁殖时间为5月份,4月份次之;含顶芽的茎段与含腋芽的茎段,在组培快繁时于试管苗生长阶段无明显差异。

2. 多效唑用于抑制枣树新梢生长

使用方法 在花前,即枣吊长到8～9片叶时,对幼龄枣树用1 000毫克/升的多效唑溶液全树喷洒;对成龄树用2 000毫克/升的多效唑溶液全树喷洒。也可用多效唑涂干和土壤撒施。土壤撒施可在靠近树干的基部,每株用多效唑1.6～1.8克挖沟撒施,然后盖土填沟。

效果 使用多效唑抑制枣树新梢生长,不仅在当年见效,而且在以后几年也能起到抑制作用。喷施多效唑后枣叶增厚，叶色加深，抑制营养生长，促进生殖生长，提高着果率。花前喷施多效唑可提高着果率234％，可使幼树树冠矮化，利于密植。

注意事项 ①幼树上用较低浓度连年施用比高浓度1次用的效果好。连年用要根据树体情况和长势等因素决定施多效唑溶液的浓度。②要做到均匀喷施。

3.矮壮素用于抑制枣树新梢生长

使用方法 在花前和第一次施用后15天喷施2次矮壮素溶液，其浓度为2 500～3 000毫克/升，如采用根际浇灌，每株用1 500毫克/升的矮壮素溶液2.5升。

效果 使植株变矮，新梢节间缩短，叶色变深，叶片加宽增厚，不抑制细胞分裂，从而促进生殖生长。喷施矮壮素后树冠比对照矮17％～30％，明显抑制枣头、枣吊生长，着果率比对照提高2.26％，幼树矮化效果极为显著。

注意事项 ①幼树矮化处理可连年使用矮壮素。②在枣树旺盛生长时喷施矮壮素。

4. 比久用于抑制枣树新梢生长

使用方法 在枣树开花前施用。对幼龄树用2 000～3 000毫克/升的矮壮素溶液全树喷洒；对成龄树用3 000～4 000毫克/升的矮壮素溶液全树喷洒。如果成龄树在花前施用2次，喷施浓度应为2 000毫克/升。

效果 抑制植株枝条顶端分生组织生长，新梢节间变短，生长缓慢，髓部、韧皮部和皮层加厚，枝条加粗。抑制新梢生长效应在施用后1～2周开始见效，效期持续50天左右。

注意事项 ①比久在枣树花期和坐果期喷施，会降低果实细胞分裂速度，抑制果实膨大。②比久的喷施浓度在1 000

毫克/升以下时,对枣树新梢抑制作用较差。

二、用于促坐果、防落果

1. 赤霉素用于增加枣树着果率

使用方法　在枣树盛花初期,即多数果枝开花5～6朵时,用10～15毫克/升的赤霉素溶液全树均匀喷洒。

效果　提高着果率1倍左右。

注意事项　为了增加幼果营养,可混施0.5%的尿素。

2. 2,4-D用于减少金丝小枣生理落果

使用方法　在盛花期用30～60毫克/升的2,4-D溶液喷洒枣树。

效果　减少幼果脱落量37%～41%,促进幼果膨大,增加单果重,果实增产10%左右。

注意事项　喷洒时间以下午4时以后或上午9时以前为好。

3. 赤霉素用于提高金丝小枣着果率

使用方法　枣盛花期使用10～15毫克/升的赤霉素溶液全树喷洒,一般年份使用1次即可。施用时与0.5%的尿素液混用,效果更好。喷洒的时间以下午4时以后和上午9时以前最好。喷洒的溶液的数量以树叶将近滴水为度。为使花期坐果整齐,也有采取喷洒2次的,即第一次喷洒后7～10天再喷洒第二次。

效果　提高着果率50%～100%。

注意事项　喷洒赤霉素溶液时如遇低温、干旱天气,施后1周如子房膨大不明显,可再喷洒1次。

4．赤霉素用于提高山西大枣着果率

山西大枣在盛花期(未开枷)喷施 10～20 毫克/升的赤霉素溶液,着果率可比对照提高 17%～21%。

5．赤霉素用于提高鄂北大枣着果率和株产量

使用方法 未开枷的鄂北大枣树在盛花期喷洒 20 毫克/升的赤霉素溶液。

效果 着果率比对照高 10.5 倍,后期株产达到 34.5 千克,为对照的 3.3 倍。

6．2,4-D 用于提高金丝小枣着果率

使用方法 金丝小枣盛花期喷洒 20 毫克/升的 2,4-D 溶液。

效果 着果率比对照高 23.1%。

注意事项 盛花期使用时,2,4-D 的浓度不能超过 20 毫克/升,否则容易产生药害,使着果率下降,甚至使枣叶受害,影响营养生长。

7．2,4-D 加维生素 C 用于促进灰枣坐果

使用方法 枣盛花期用 10 毫克/升的维生素 C 与 20 毫克/升的 2,4-D 溶液混合喷洒。

效果 空枝率比对照减少 16%,着果率比对照提高 95%,幼果发育正常。

8．多效唑用于提高枣树着果率

使用方法 花期不进行开枷管理的圆铃大枣树,当花前枣吊着生 8～9 张叶片时,用2 000～2 500毫克/升的多效唑溶液全树喷洒,也可分 2 次喷洒,施用浓度降低,即1 500～2 000毫克/升。生产中有用土施的,成龄树每株施入多效唑1.5～2 克。

效果 适时施用,促进坐果,长期施用,使树型矮化,起到

整形的作用。

9. 矮壮素用于提高圆铃大枣着果率

使用方法 花期不进行开枷管理的圆铃大枣树,当花前枣吊着生8～9张叶片时,用2 000～2 500毫克/升的矮壮素溶液全树喷洒。

效果 控制枣头生长,着果率为对照的2倍以上。

10. 比久用于提高圆铃大枣着果率

使用方法 花期不开枷管理的圆铃大枣,枣吊长到8～9片叶片或初花期喷施1次。幼龄结果枣树比久的施用浓度为2 000～3 000毫克/升,成龄枣树施用浓度为3 000～4 000毫克/升。也可分2次施用,施用的浓度降至1 500～2 000毫克/升。

效果 提高着果率,增加单果重。

注意事项 喷洒溶液以下午4时以后和上午9时以前为好,喷洒溶液量以树叶将近滴水为限。也可土施,成龄树每株施用比久有效成分为1.5～2克,在靠近树干基部20厘米处挖沟埋入。

11. 防落素用于促进金丝小枣花期坐果

金丝小枣盛花末期用20毫克/升的防落素溶液喷洒全树,着果率可提高25%～30%;使用20～40毫克/升的防落素溶液,着果率可提高40%～70%;使用50毫克/升以上的防落素溶液,着果率可提高70%以上。

12. 萘乙酸用于防金丝小枣落果

使用方法 收获前30～40天,在金丝小枣上用20～50毫克/升的萘乙酸溶液全树喷洒。

效果 后期防落率可达70%～83.6%。

注意事项 萘乙酸溶液的浓度低于20～50毫克/升时,

防落效果不明显,而浓度在 50 毫克/升以上时,虽然防落效果好,但是往往会引起后期贪青晚熟,影响枣果的品质。

13. 枣果防裂烂剂用于防金丝小枣裂果

使用方法　用该制剂 1 支(10 毫升)对水 25 升,在枣果距熟前增长期 15~20 天(大约在 8 月 10 日前后)对全树喷洒,每隔 7 天 1 次,连喷 3 次。

效果　枣果裂果率降低 20 个百分点,减少僵烂果,提高枣果的产量和品质。

三、用于枣树果实催熟

1. 乙烯利用于促进金丝小枣果实提前成熟

使用方法　金丝小枣正常采收前 5 天用 300 毫克/升的乙烯利溶液喷洒。

效果　喷洒后 5~6 天,果实全部自然脱落,比人工打枣提高工效 10 倍左右。采收的红枣完熟率高,提高枣果的可溶性固形物含量和含糖量,降低采收果实内的含水量,提高枣果的制干率。

注意事项　喷洒乙烯利溶液的时间以下午 4 时以后和上午 9 时以前为好,喷洒溶液的数量以树叶将近滴水为度。乙烯利溶液的浓度控制在 300 毫克/升为好,浓度过低催落效果差,浓度过高会造成大量落叶,影响枣树营养生长。喷洒时要注意天气变化,防止在催落过程中遇雨,造成枣果霉烂、变质。

2. 乙烯利用于枣树果实催熟

使用方法　使用乙烯利催熟助落,作加工用的红枣和乌枣可在采收前 7~8 天用 200~300 毫克/升的乙烯利溶液喷洒;金丝小枣用 300 毫克/升的乙烯利溶液喷施。施用过乙烯利的枣树,应在施后3～4天适当摇树,集中收获。

效果 使用乙烯利处理后,4～5天落果率可达80%～95%,5～6天可使成熟果全落。用乙烯利催熟的果实,品质有所提高,可溶性固形物含量增加。

注意事项 ①乙烯利处理枣树,不同品种间的使用浓度有一定差异,有些品种不易落果,要适当增加浓度。②乙烯利使用浓度过高,会使枣树发生落叶,影响树势,要注意选用适宜的浓度。

第九章 植物生长调节剂在
草莓生产中的应用

草莓为多年生草本植物,是一种经济价值较高的小浆果。果实柔软多汁,具有香味,除含糖、有机酸、蛋白质外,还富含磷、铁、钙等矿物质和维生素,果实供鲜食、制果酱、制果酒、速冻食品等。

草莓开始结果快、果实成熟早,秋季定植,翌年1～5月(华南)、4～5月(华东)采收,增加水果种类供应市场,尤其在中亚热带和北亚热带填补水果淡季、调节市场需求,满足人民对鲜果的需要方面,有其独特的价值。今后改进栽培方式和采取生育调控技术,可以做到周年向市场供应草莓鲜果。草莓繁殖容易,栽培周期短,适于作幼龄果园的间作和菜园的轮作作物。

世界上草莓栽培始于14世纪,我国大草莓栽培始于1915年。

草莓不耐贮运,栽培采收比较费工,果实容易污染,栽植时须考虑这些因素。

草莓花芽分化后,在晚秋初冬气温低、日照短的条件下,植株进入休眠状态。休眠后不同品种的草莓需要不同的低温期来打破休眠。此外,长日照、高温或喷洒赤霉素均能打破其休眠。在将近进入休眠时进行长日照、高温或喷洒赤霉素等方法处理,可以防止其进入休眠,而继续开花结果。在休眠后期用这些方法处理,可以提早打破休眠,恢复生长和开花结果。

草莓原产于温带,喜冷凉气温,较耐低温,忌高温,5℃以下和30℃以上停止生长。性质强健,栽培容易。

栽培草莓的田园,以排水良好又能保持水分的粘质土壤以至砂质土壤为好。土壤要有适宜的水分,土壤水分含量对产量影响极大,花芽发育期保持土壤有适宜的水分,防止干旱,是草莓田间管理工作的重要内容。草莓耐酸性,土壤 pH 值在 5 以上即能正常生长。

草莓生产中广为应用植物生长调节剂,促进植株生长发育,提高其浆果的品质与产量。

一、用于促生长、壮植株

1. 赤霉素用于诱导草莓花芽分化

使用方法　在草莓花芽分化前两周,用 25~50 毫克/升赤霉素溶液喷施。

效果　能诱导及提早草莓花芽分化 5~10 天。

2. 赤霉素用于促使草莓提早开花

使用方法　草莓开花前 2 周及开花前数天各喷洒 1 次10~20 毫克/升的赤霉素溶液,以喷湿叶片为度。

效果　使草莓提早开花,果梗伸长,使浆果离地生长,减少病害和土壤对浆果的污染,便于采收。

3. 赤霉素用于促进草莓匍匐茎生长

使用方法　草莓的浆果采收以后,植株的茎叶生长逐渐旺盛,到 6 月间,对 1 年生植株用 50 毫克/升的赤霉素溶液喷洒,或在 6 月份和 7 月份各喷洒 1 次。

效果　促进匍匐茎抽生和生长。

4. 比久用于防止草莓冻害

使用方法　在秋末冬初,用 1 000~2 000 毫克/升的比久溶液喷洒草莓植株。

效果　有效地防寒防冻,对植株生长无不良影响。

注意事项　采收期间如草莓生长过旺,也可喷洒 1 次 1 000~2 000 毫克/升的比久溶液,可增加结果数,提高植株的抗寒能力。

二、用于促产量、保质量

1. 比久用于促进草莓坐果

使用方法　草莓移栽后全株喷 2~3 次 1 000 毫克/升的比久溶液。

效果　促进草莓坐果,增加产量。

2. 赤霉素用于提高草莓产量

使用方法　草莓露地栽培时,从 3 月中旬开始用 10 毫克/升的赤霉素溶液喷洒,隔 1 周喷洒 1 次,共喷洒 3 次,或在开花初期每周喷洒 3 次。

效果　增加浆果的早期产量和总产量。在开花初期喷洒的,浆果呈长形,品质好。

3．绿兴植物生长调节剂用于提高草莓产量

使用方法　在草莓营养生长期、初蕾期、初花期各喷洒1次10%的绿兴植物生长调节剂800～1 000倍液。

效果　促进草莓植株生长，促进浆果提早着色和成熟，增加草莓浆果的产量。

4．吲哚乙酸、吲哚丁酸、苄基氨基嘌呤用于提高草莓产量

使用方法　用10～50毫克/升的吲哚乙酸、吲哚丁酸或苄基氨基嘌呤的溶液喷洒草莓幼果。

效果　促进草莓浆果膨大，增加产量。

5．萘乙酸用于提高草莓产量

使用方法　用10～50毫克/升的萘乙酸溶液喷洒草莓幼果。

效果　促进浆果膨大，增加产量。

6．2,4-D用于提高草莓产量

使用方法　用10～50毫克/升的2,4-D溶液喷洒草莓幼果。

效果　促进浆果膨大，增加产量。

7．萘乙酸用于减少草莓畸形果

使用方法　草莓初花期、盛花期及坐果期分别以50～150毫克/升的萘乙酸溶液灌心，用不带针头的注射器对准花序及生长点灌注5毫升，并在开花前10天叶面喷洒0.3%的硼酸溶液。

效果　畸形果率对照的为25.26%，经萘乙酸处理的为9.92%～15.25%，其中以100毫克/升萘乙酸加0.3%硼酸溶液处理的效果最好，畸形果率比对照下降60.73%。

三、用于延长果实保鲜期

1. 萘乙酸用于延长草莓保鲜期

使用方法　用 10 毫克/升的萘乙酸加 1%硝酸钙溶液喷洒果穗,在白天 20℃~25℃,夜间 14℃~18℃下保存。

效果　采后第二天浆果含钙量增加,贮后第四天果实硬度提高 15%,果实腐烂指数低。

2. 激动素用于延长草莓保鲜期

使用方法　草莓采收后用 10 毫克/升的激动素溶液喷洒浆果或浸果,待稍干后用浅盆盛装,再分装为每盒 200~500克。

效果　可保持草莓浆果新鲜,延长贮藏期和市场供应期。

第十章　植物生长调节剂在荔枝、龙眼生产中的应用

荔枝是南方亚热带地区广泛栽培的著名特产水果。它可供鲜食、制干和做罐头,在内销和外贸中历来都是紧俏商品。

荔枝是常绿乔木,经济寿命长,单株产量高,老树仍能正常结果。荔枝果实成熟时皮色鲜艳可爱,俗称丹荔,果肉香甜可口,营养丰富。每 100 克荔枝果肉,含有水分 84 克,碳水化合物 14 克,维生素 C 36 毫克,蛋白质 0.7 克,脂肪 0.6 克,磷32 毫克,钙 6 毫克,铁 0.5 毫克,维生素 B_1 0.02 毫克,维生素B_2 0.04 毫克,维生素 B_3(尼克酸)0.4 毫克。

荔枝在中国南方的分布,限于北纬 18°~31°之间,主产区

在 22°～24°30′之间,以广东、福建、广西、台湾等地栽培最多,海南、四川、云南、贵州也有栽培。

荔枝对温度的要求较严格,夏季需要高温,冬季要有短时寒冷来抑制营养生长,促进小花分化发育,此时兼有干旱,则成花更佳。荔枝受冻害情况因品种、树龄、生长情况、低温程度及其持续时间而异。低温至 − 2℃～0℃幼树的地上部冻死,以后能再萌芽复生。

荔枝虽性好温湿,而花期忌雨,柱头粘液受雨水冲刷,花药不能开裂,雄蕊凋萎,而且雨水过多花粉易腐烂。低温阴雨影响昆虫活动,授粉不良。冬季降水多,易促生冬梢,致使翌年无花,所以,生产上要采取措施控制冬梢。

荔枝对日照的要求较高。主产区荔枝的日照时数在1 800～2 250 小时之间,充足的光照有促进同化、促进花芽分化、增进果实色泽、提高果实品质的作用。光照不足、植株过密会使枝条互相荫蔽,叶片薄,养分积累少,难以开花结果。若光照过强、水分蒸发量大,花丝易凋萎,柱头粘液浓度高,不利于授粉。

荔枝对土壤的适应性较强,而以地势较高,土层深厚、排灌良好,土壤富含有机质、质地疏松的酸性砂质壤土为好。

龙眼也是名贵特产果树。

龙眼果实富含营养,自古以来被视为珍贵的补品。据分析,龙眼果肉含糖量 12.38%～22.55%,还原糖 3.85%～10.16%,全酸 0.096%～0.109%,维生素 C 43.12～163.70毫克/100 克果肉,除能提供人类所需的营养外,还能提供维生素 C,维生素 K,有益于人体健康。

世界龙眼生产以中国栽培面积最大,产量最多。中国龙眼栽培集中在东南沿海。龙眼在其系统发育过程中,已形成了对亚热带地区的适应性,耐瘠、耐旱,抗病虫能力亦颇突出。

龙眼对温度比较敏感,这也是限制龙眼地理分布的主要因素。它喜温忌冻,我国在年平均温度 18℃～24℃ 的地区均可栽培,以年平均温度 20℃～22℃ 最为适宜。冬季有一段相对的低温,利于花芽分化。抽穗期间若遇高温,易产生"冲梢"现象。龙眼耐寒力较差,气温降至 0℃,幼苗受冻害。

龙眼在整个生育期要求有充足的水分,年降水量在 1 000 毫米以上才适于栽培。而在亚热带果树之中,龙眼又是比较耐旱的。开花期间及果实成熟时,不宜多雨,否则会减少坐果及降低果实品质。

在四川产区,龙眼花期有时会遇热风,气候干燥,夹有黄色微尘,致使柱头沾染黄沙白泥而干燥凋萎,着果率大为降低。龙眼对土壤适应性颇强,在酸、旱、瘦的土壤里也能很好生长。

荔枝、龙眼生产中,近来也大量使用植物生长调节剂,并取得了良好的效果。

一、用于促花芽、控花序、控枝梢

1. 乙烯利加比久用于控制荔枝花穗上的小叶生长

使用方法　发现花穗上的小叶斜生向下,气温又在 18℃ 以上时,在花穗上的小叶在未转变成红色以前,用 100～250 毫克/升的乙烯利加 500 毫克/升的比久溶液均匀喷洒于花穗上。

效果　可杀伤嫩叶,使其脱落,对花穗发育无不良的影响。

2. 复合型细胞分裂素用于促使荔枝花芽萌动

正常花芽萌动期(1~2月份)如不萌动,可喷施复合型细胞分裂素1~2次,每次相隔15天左右,可促使花芽萌动。

3. 青鲜素用于抑制荔枝花序徒长

在荔枝花芽分化关键时期(花器官分化初期)喷洒青鲜素,可显著抑制花序徒长,增加花序基部直径,增加花序分枝,变长花序为短花序,增加着果率。

4. 控梢利花剂用于促使荔枝花穗健壮

使用方法　于荔枝末次秋梢结果母枝老熟时,喷洒控梢促花剂。控梢利花剂每包对水20升,间隔20~30天喷洒1次,共喷洒2~3次。翌年花蕾期(即花穗5~7厘米时),再用控梢利花剂每包对水40升喷洒(稀释1倍)。

效果　控梢,促花芽分化,控制花穗伸长,使花穗短而壮,增加雌花比例。

5. 萘乙酸用于促使荔枝抽生花枝

使用方法　在荔枝生长过旺、不分化花芽情况下,用200~400毫克/升的萘乙酸溶液全树喷洒。

效果　抑制新梢生长,增加花枝数,提高果实产量。

6. 多效唑用于抑制荔枝冬梢生长

使用方法　用5 000毫克/升的多效唑可湿性粉剂,喷洒新抽生的冬梢,或在冬梢萌发前20天土施多效唑,每株用多效唑4克。

效果　抑制冬梢生长,抑制秋梢伸长,减少叶面积,使树冠紧凑,促进抽穗开花,增加雌花比例。

7. 比久加乙烯利用于抑制荔枝花序徒长

使用方法　在1月中旬用1 000毫克/升的比久加500毫克/升或800毫克/升的乙烯利溶液全树喷洒。

效果　抑制花序徒长,花序基部变粗,增加花序分枝,提高着果率。

8. 乙烯利用于荔枝疏花

使用方法　在现蕾期(即3月上中旬)用200～400毫克/升的乙烯利溶液全树喷洒。

效果　对花蕾有很好的疏除作用,使结果数成倍提高,产量增加40%以上,改变荔枝开花多、结果少的状况。

9. 控杀灵用于控制荔枝冬梢生长

使用方法　于冬梢抽出5～7厘米至刚展叶时喷洒控杀灵。控杀灵每包对水20升,配成溶液,均匀喷布于嫩梢上。

效果　1～2天后冬梢开始干枯。

注意事项　于冬梢抽出5～7厘米至刚展叶时使用,效果最好。过早喷洒,由于嫩芽生长势强,不易杀死;过迟喷洒,冬梢继续生长消耗树体养分,对翌年成花坐果不利。

10. 多效唑用于促进龙眼花芽分化

使用方法　于龙眼花芽分化期,用100毫克/升的多效唑溶液喷洒在枝梢上。

效果　促进花芽分化,提高开花数,使果穗节间缩短,着果密,提高产量。

11. 冬梢净用于控制龙眼冬梢生长

使用方法　冬梢长出5～10厘米长至刚展叶时,用冬梢净每包对水20升,配成溶液,对准冬梢喷洒。

效果　可在24小时内杀死冬梢。

注意事项　该制剂对已转绿和已老熟的叶片无副作用,不会伤及树体。

12. 龙眼控梢促花素用于控制龙眼冬梢生长

使用方法　在末次秋梢老熟时喷洒龙眼控梢促花素。龙眼控梢促花素每包对水 20 升,配成溶液,全树喷洒。隔 20 天喷洒 1 次,共喷洒 2～3 次。

效果 可有效抑制冬梢生长。

注意事项 在芽未萌动时喷洒,才能获得较好的控梢效果。12 月底后不宜再用。使用时必须均匀喷湿整个树冠的叶面叶背。喷洒后若植株一直不萌冬梢,可间隔 20 天再使用第二次;若喷洒后不久又有冬梢萌动时,则需立即使用第二次。一个冬季使用龙眼控梢促花素不宜超过 3 次。

13. 比久加乙烯利用于控制龙眼冬梢生长

使用方法 在末次秋梢老熟后,用 1 000 毫克/升的比久加 200～300 毫克/升的乙烯利溶液进行叶面喷洒。

效果 控梢效果显著。

14. 多效唑用于控制龙眼冬梢生长

使用方法 在龙眼末次秋梢老熟后,用多效唑溶液叶面喷洒,每隔 20～25 天喷洒 1 次,共用 2 次。

效果 有效抑制冬梢抽生。

15. 乙烯利用于控制龙眼冬梢萌发

使用方法 在末次梢老熟后,用 200 毫克/升的乙烯利溶液喷洒,以刚好喷湿叶面、叶背为度,隔 20～25 天再喷洒 1 次。

效果 有效抑制冬梢的萌发,不会出现黄叶现象。

二、用于疏果、保果、促丰产

1. 比久加乙烯利用于促进荔枝坐果

使用方法 荔枝抽穗前用 1 000 毫克/升的比久加 250～500 毫克/升的乙烯利溶液全树喷洒。

效果　总花数和雄花数减少,雌花数增加。在1 000毫克/升以下的范围内,雌花数量随乙烯利浓度的提高而增加,雄花数随浓度的提高而下降。经处理后花穗长度平均为8.03～8.9厘米,对照组平均穗长为13.85厘米。

2. 腐殖酸钠用于荔枝保果

使用方法　荔枝幼果期用600～800倍的腐殖酸钠稀释液喷洒。

效果　着果率提高7.7%～15.4%,单果比对照增重3.9%～4.7%,平均增产19.2%,每公顷荔枝园增产320千克。

3. 荔枝专用防裂素用于减少荔枝裂果

使用方法　果皮发育阶段喷施荔枝专用防裂素1～2次。每包荔枝专用防裂素对水20升配成溶液,于荔枝谢花后15天喷洒第一次,间隔20天喷洒第二次。

效果　加快果皮细胞分裂速度,增加细胞数量,果皮增厚、质量良好,为果实中后期果肉生长提供充分的空间,明显减少裂果。

4. 护果使者用于减少荔枝病害和裂果

使用方法　于果实发育中后期喷洒护果使者1～2次。将护果使者每包对水20升,配成溶液,于果实发育中期喷洒1次,隔20天再喷洒1次。

效果　抑制果肉突发性生长,促使果实正常发育,减少荔枝炭疽病、霜霉病、疫霉病等病害,降低裂果率。

5. 保果素用于提高荔枝果实品质

使用方法　在荔枝果实发育期间,用保果素溶液喷洒。

效果　提高着果率,使果实的可溶性固形物增加1～2度,提高果实品质及果品颜色。

6．诱抗素用于提高荔枝果实产量

使用方法　在荔枝开花前 3 天喷施诱抗素。每袋诱抗素(15 毫升)对水 15～30 升,配成溶液,全树喷洒。

效果　促进花芽分化,提高着果率,增强抗旱、抗寒能力,改善果实品质,提高产量,使提早成熟上市。

注意事项　遇干旱和低温时,提前 2～3 天喷施。在阴天和傍晚喷施。喷施后 4 小时内遇下雨时应补喷 1 次。

7．比久用于提高龙眼着果率

在花期用 500 毫克/升的比久溶液全树喷洒。提高着果率效果显著。

8．龙眼保果素用于龙眼保果

在龙眼雌花凋谢后 5～15 天,用 2,4-D 等配成龙眼保果素,全树喷洒,15 天后喷洒第二次,保果作用明显。

9．赤霉素加 2,4-D 用于提高龙眼果实品质

使用方法　龙眼开花 10～15 天后,用 50 毫克/升的赤霉素加 5 毫克/升的 2,4-D 水溶液全树喷洒,以后每隔 20 天喷洒 1 次,共喷洒 2～3 次。

效果　能保果、壮果、防裂果,提高果实品质,增产效果明显。

10．诱抗素用于提高龙眼果实产量

使用方法　龙眼开花前 3 天喷施诱抗素。将诱抗素每袋(15 毫升)对水 15～30 升,配成溶液,全树喷洒。

效果　促进花芽分化,提高着果率,增强抗寒、抗旱能力,改善果实品质,提高产量,使提早成熟上市。

注意事项　遇干旱、低温时,提前 2～3 天喷施。在阴天和傍晚喷施,喷洒后 4 小时内如遇下雨,应补喷洒 1 次。

第十一章　植物生长调节剂在
梅、李、杏、枇杷、山楂生产中的应用

　　梅是东亚特产,果实风味独特,有医疗保健功效,用途广。青梅可食部分占 93%,每 100 克果肉含蛋白质 0.9 克,脂肪 0.9 克,碳水化合物 18.9 克,钙 11 毫克,磷 36 毫克,铁 1.8 毫克。含有机酸多,含有多种维生素。梅对土壤要求不严,栽培较容易。果实易加工,耐贮运。

　　李栽培较广,鲜果果肉含碳水化合物 11.99%,蛋白质 0.7%,果酸 0.6%~2%;干果含碳水化合物 71%,蛋白质 2.3%,脂肪 0.6%,还含有胡萝卜素、维生素 C、维生素B_1、维生素B_2、维生素B_3(尼克酸)等。李对气候的适应性强,耐寒、耐热,对土壤要求不苛刻,只要土层较深且有一定肥力即可。

　　杏是落叶乔木,原产于我国,在西北、华北和东北各地分布最广,南方也有分布。杏花淡红色,果皮多为金黄色,向阳部常有红晕和斑点。杏营养丰富,味甜多汁,初夏成熟,可制成杏干、杏脯,杏仁也可加工成各种食品。杏性耐寒,喜光照,抗旱能力强,不耐涝,树的寿命可达 100 多年。杏通常用嫁接方法繁殖。

　　枇杷是我国南方特产果树,果实在春末夏初成熟,果肉柔软多汁,甜酸适度,风味佳良,深受人们喜爱。据分析,枇杷每 100 克果肉中含蛋白质 0.4 克,脂肪 0.1 克,碳水化合物 7 克,粗纤维 0.8 克,钙 22 毫克,磷 32 毫克,铁 0.3 毫克,胡萝卜素 1.33 微克,维生素 C 3 毫克。我国是世界枇杷主要产地。枇杷管理容易,病虫害少,在我国南方气候温暖湿润、土

层深层的红壤山地和丘陵地区都适宜栽培。

山楂原产于我国,栽培历史悠久。山楂每 100 克果肉中含铁 2.4 毫克,钙 68 毫克,维生素 C 29～100 毫克(比苹果、梨、柑橘高),果糖、果胶、山梨醇、黄酮含量多。山楂自花授粉,着果率较高。并有单性结果能力,单性结果的果核中空无种胚。花期喷硼酸、赤霉素能显著增加其着果率。山楂适宜在 pH 值 5.5～7 的砂壤、粘壤土壤中生长,以土层超过 60 厘米的生长较好,在太瘠薄的土中栽植,生长结果差。太涝、太盐碱的土壤不宜栽植。

一、用于催芽促根、控梢、树体整形

1. 多效唑用于抑制梅树春梢生长

春梢长出 4～5 厘米时,用 300 毫克/升的多效唑加 0.2%磷酸二氢钾液喷施,可抑制春梢生长,使春梢短壮,叶片厚绿,开花结果正常。

2. 多效唑用于提高梅叶片抗逆性

使用方法　春梢开始生长时,每梢期喷洒 1～2 次 300 毫克/升的多效唑加 30 毫克/升的核苷酸,加 0.2%的高效叶面肥,并及时喷洒杀虫杀菌剂。

效果　提高叶片的质量和抗逆性。

3. 多效唑用于促进果梅树花芽分化

在 7 月上旬,用 300～500 毫克/升的多效唑溶液喷洒生长过旺的梅树,可以明显地促进果梅花芽分化。

4. 多效唑加乙烯利用于促使梅树落叶

在 8 月下旬至 9 月上旬用 500 毫克/升的多效唑加 100 毫克/升的乙烯利溶液喷洒,可促使梅树落叶,树体提早进入休眠。

5. 赤霉素用于促使果梅树延迟开花时间

使用方法　在9月中旬至10月上旬,用50～100毫克/升的赤霉素溶液喷洒,每隔10天喷洒1次,连续喷洒3次。

效果　使翌年开花延迟5～15天,避免早春低温危害。

6. 青鲜素用于促使李树延迟开花时间

在李花芽膨大期用0.05%～0.2%青鲜素溶液喷施,可推迟花期4～6天,减少冻害。

7. 萘乙酸用于促使李树延迟开花时间

预告有冷空气或倒春寒时,为避免霜冻危害,在萌芽前用0.25%～0.5%的萘乙酸钾盐水全树喷洒,可推迟花期5～7天。在开花前15天喷施0.05%的萘乙酸水溶液,可推迟开花15天左右。

8. 多效唑用于杏树控梢促花

使用方法　5月中下旬杏的幼树短枝叶片长成以后,用1 000毫克/升的多效唑溶液喷洒,或花后3周在杏园每平方米(树冠投影面积)用15%多效唑可湿性粉剂0.5～0.8克的水溶液洒入土中。

效果　有明显的控梢促花作用。

9. 矮壮素用于抑制杏树新梢生长

使用方法　杏新梢长到15厘米时(5月下旬至6月下旬)用3 000毫克/升的矮壮素溶液喷洒。

效果　抑制新梢生长,可增加花芽数量与提高质量。

10. 多效唑用于抑制枇杷夏梢生长

使用方法　果实采收后、夏梢抽生期,用500～700毫克/升的多效唑溶液全树喷洒。

效果　对夏梢的生长有明显抑制作用,有利于营养的积累,对花芽分化、延迟花期和减少冻害均有好处。

11. 赤霉素用于提高山楂种子出苗率

使用方法　将采回的成熟山楂果实脱肉和进行"三浸三曝晒"破壳处理,然后用100毫克/升的赤霉素溶液浸泡60个小时,取出种子晾晒,于10月上中旬进行沙藏层积,翌年4月中下旬播种。

效果　种子出苗率提高8%。

12. 生根粉用于提高山楂绿枝插条生根率

使用方法　6月份选取山楂的半木质化绿枝,将顶端和基部剪去10厘米,留取中部20厘米长的枝段,使下部剪口呈马耳形,上部留2～3个半叶,每100条枝段捆成1捆,将枝段基部置于100毫克/升的ABT生根粉溶液中浸泡4小时,浸泡深度为5～10厘米。浸泡后的枝段扦插于塑料大棚内的苗床上,每日上午10～11时和下午3～4时各喷水1次,每日10～17时用草帘将大棚遮荫。

效果　枝段生根率达76.7%,苗木生长健壮,而对照的则不生根。

13. 青鲜素用于山楂树体整形

使用方法　春季山楂腋芽开始生长时或在第一次人工修剪后,用0.1%～0.25%青鲜素溶液喷洒整株叶面。

效果　控制新梢生长,可促进植株下部的侧芽萌发,减少夏季修剪量,使株形密集,提高观赏价值。

14. 吲哚丁酸用于促进山楂插条生根

使用方法　选用品质优良、大小适中、生长健壮、幼芽未萌发的山楂插条,将其基部置于50毫克/升的吲哚丁酸溶液中浸泡3小时,然后扦插于湿度适中的土壤中促根。

效果　促山楂生根效果较为显著,幼树半木质化插条生根率为93.3%,成年树木质化插条生根率为66.7%,均比对照的生根率增加23.3%。

注意事项 ①准确配制吲哚丁酸浓度。溶液浓度提高到80毫克/升时,反而会使生根率下降。②处理后的插条要加强田间管理。

二、用于促花控花、疏果保果、促丰产

1. 赤霉素用于提高梅树着果率

在果梅盛花末期用30毫克/升的赤霉素溶液喷洒,可提高果梅的着果率。

2. 多效唑用于李树疏果

使用方法 在维多利亚李的盛花期(或6月初)用1 000～2 000毫克/升的多效唑溶液喷洒2次。

效果 疏果及增大果实体积。

3. 乙烯利用于提高李果实品质

使用方法 李谢花50%时用50～100毫克/升的乙烯利溶液喷洒。

效果 增大果实体积,提高果实可溶性固形物含量。

4. 赤霉素用于促进李树坐果

使用方法 用100～300毫克/升的赤霉素溶液叶面喷施。

效果 增加着果率,增加果实产量。使用100毫克/升和300毫克/升的赤霉素溶液的着果率分别为对照的161.3%和191%。

5. 2,4-D用于李树保果

李第一次生理落果期用10毫克/升的2,4-D加0.3%尿

素溶液喷洒,共用 2 次,隔 15~20 天 1 次,保果作用明显。

6. 赤霉素用于李树保果

第一次生理落果期用 50 毫克/升的赤霉素溶液喷洒,共用 2 次,隔 15~20 天 1 次,有保果作用。

7. 氨基乙基乙烯甘氨酸用于提高杏果实品质

使用方法 杏花芽前用氨基乙基乙烯甘氨酸(AVG)的溶液喷洒。一般中花品种用 0.5% 的溶液,早花品种用 1%、晚花品种用 0.1% 的溶液。

效果 杏树能安全度过早春寒流、低温,延迟花期,提高着果率,有利于杏果实优质、丰产。

8. 赤霉素用于提高杏树着果率

杏开花后 5~10 天用 10~50 毫克/升的赤霉素溶液或 15~25 毫克/升的赤霉素加 1% 蔗糖,加 0.2% 磷酸二氢钾溶液喷洒,提高杏树着果率。

9. 赤霉素用于减少枇杷落果

使用方法 枇杷幼果期用 10 毫克/升的赤霉素溶液喷洒叶面和果实。

效果 可减少落果 40%,还形成一些无核果,提高果实品质。

10. 青鲜素加赤霉素用于诱导枇杷单性结实

使用方法 3 月下旬幼果开始膨大时,用 300 毫克/升的青鲜素加 150 毫克/升的赤霉素溶液喷洒。

效果 抑制种子发育,种子变小,不饱满籽粒和瘪粒增多,果实籽粒重只为未处理的 20%。处理后着果率和单果重提高,利于增加果实产量。

11. 乙烯利用于防止枇杷裂果

使用方法 在果实退绿期(果实由青绿转淡黄,约成熟前

1个月)的晴天,用1 000～1 500毫克/升的乙烯利(加3 000倍骨胶以增加粘附)溶液进行全树喷洒或喷果。

效果　使枇杷裂果减少,裂果率比对照低 17%～30%。另外,还有催熟、增进品质等作用。

12. 赤霉素用于提高山楂着果率

使用方法　在山楂盛花期间用 20～50 毫克/升的赤霉素溶液喷施。

效果　提高着果率 1 倍多,可获得相当数量的无核果实。

13. 赤霉素用于增大山楂果形和提高单果重

使用方法　山楂盛花期和幼果期各用 20～100 毫克/升的赤霉素溶液喷洒 1 次。

效果　单果重增加 20%～25%,最大的增重 59%。

注意事项　配合使用营养液,效果更加明显。

14. 乙烯利用于促使山楂落果

使用方法　山楂采收前 1 周喷施 500～600 毫克/升的乙烯利溶液。

效果　落果率可达 90%～100%,果实提早 1 周成熟,避免人工打采收而带来的对树体损伤,采收工效提高 4.5 倍,枝条损伤减少 5% 以上。

15. 赤霉素用于山楂保花、保果

使用方法　山楂从初花期到终花期喷施赤霉素溶液,以盛花期喷施效果最好。赤霉素溶液的浓度视开花数量而定,花多的大年,喷洒 30～40 毫克/升的溶液,花较少的小年,喷洒 50～70 毫克/升的赤霉素溶液。

效果　山楂树花期喷施赤霉素可提高着果率,减少落花、落果,显著增加单果重量,果实提早成熟,改善果实品质。花期喷施着果率比对照提高 4.32%～11.48%,单果重量增加

1.5 克,果实维生素 C 增加、硬度降低、着色期和成熟期提前 5～10 天。

注意事项 ①山楂花期较短,只有 4～5 天,要事先做好花期施用赤霉素的准备工作。②在施用赤霉素时,要选择晴天露水干时进行,做到喷洒均匀。如果使用后遇大雨,要重喷施。③赤霉素结晶难溶于水,可先用乙醇或高浓度白酒溶解后再加水稀释。④经赤霉素处理后,可获得相当数量的无仁果实,经赤霉素处理的山楂不宜供采种用。

三、用于促熟、抑熟、保鲜

1. 赤霉素用于促使梅果实延迟成熟

在梅果实自然成熟前 2 周用 40～80 毫克/升的赤霉素溶液喷洒,果实可延迟 4～5 天成熟,可保持果梅原有品质,调节果梅供应期。

2. 乙烯利用于促使梅果实提早成熟

梅果实自然成熟前 2 周用 250～350 毫克/升的乙烯利溶液喷洒,可使果梅提早 5～6 天成熟,可以保持果梅原有品质。

3. 乙烯利用于促进李果实提早成熟

在李果实成熟前 1 个月左右,用 500 毫克/升的乙烯利溶液喷洒,对李果实有明显的促熟作用。

4. 2,4,5-T 用于减轻李树采前落果

使用方法 欧洲李在硬核期开始 1～2 周,用 200 毫克/升的 2,4,5-T 溶液喷洒。

效果 减轻采前落果,使产量增加 20%～30%,高的达 100%。

5．2,4,5-T 用于抑制杏树采前落果

使用方法 在杏硬核期开始 1～2 周,用 500 毫克/升的 2,4,5-T 溶液喷洒。

效果 抑制采前落果,增大单果重,使采收日期提前。

6．比久用于促使杏果实提前成熟

使用方法 在杏果实硬核期用 0.1%～0.2% 的比久加 0.1% 中性洗衣粉溶液喷洒。

效果 杏树果实提早 3 天成熟,成熟整齐,果实品质提高。

7．乙烯利用于杏果实催熟

使用方法 将采下的淡绿色杏果,在 500～1 000 毫克/升的乙烯利溶液中浸蘸后立即取出,放在室内的纸箱中。

效果 2 天后果实的皮色、肉色、汁液、果肉柔软度、风味均达到成熟的标准。杏果实经处理后 2 天即可食用。在杏果实成熟前 10 天采下,立即浸蘸乙烯利溶液,可提早 6～8 天上市。

8．乙烯利用于促使枇杷提早成熟

使用方法 果实自然成熟前 2 周,用 500～1 000 毫克/升的乙烯利溶液喷洒。

效果 促进果实提高 5～8 天成熟,仍保持果实原有品质,提高果实的商品价值。

9．乙烯利用于山楂果实催熟、催落

使用方法 采收期前 1 周用 500～600 毫克/升的乙烯利溶液喷洒。一般冠径 4～5 米的山楂树每株喷洒 4～5 升。

效果 使山楂提前成熟、加速脱落,便于采收。既可代替人工采摘,节约劳力,又可改善果实品质。

注意事项 ①准确配制乙烯利浓度,过高会造成落叶。

②注意喷施适期,过早、过晚都将影响果实品质。

第十二章　植物生长调节剂在菠萝、香蕉、杧果生产中的应用

　　菠萝别名凤梨,果实品质优良,风味独特,富含营养素。据分析,每 100 克果肉中含水分 77 克,蛋白质 0.4 克,碳水化合物 9 克,粗纤维 0.3 克,维生素 C 24 毫克,胡萝卜素 0.08 毫克,维生素 B_1 0.08 毫克,维生素 B_2 0.02 毫克,维生素 B_3(尼克酸)0.2 毫克。菠萝植株强健,适应性强,病虫害较少,产量较高,收益较快。

　　我国南方亚热带北纬 25°以南地区有广阔的丘陵山地,可以用来发展菠萝生产。目前菠萝单位面积产量较低,受霜冻威胁,产量不稳定。现正在加速选育适于制罐头的新品种,推广合理密植、地膜覆盖、适当施肥和应用植物生长调节剂的调控技术,提高单位面积产量,延长鲜果供应期。

　　菠萝原产于热带地区,喜温暖,忌霜冻,以年平均温度 24℃～27℃的地区最适宜栽植。菠萝果实生长期长短,其品质、大小与温度高低有密切关系。果实生长发育期间温度高,水分充足,成熟期较短,果实品质好。秋冬气温较低,果实糖分虽不减少,而含酸量增加,品质较差。菠萝虽耐旱性强,在生长发育过程中仍需要适量的水分供应。为使菠萝正常生长和保持果实品质良好,必须有充足的光照。光照强弱和多少对菠萝的产量和品质有一定影响。菠萝地下根系浅生好气,要求的生态条件是:气候温暖湿润,土壤松软肥沃。疏松、富含有机质、通气性良好的土壤适于菠萝生长。

香蕉是热带、亚热带地区的重要水果,也是我国南方名果之一。香蕉产量高,生产容易,投产早,风味好,营养丰富,供应期长。香蕉果实质地柔软、清甜而芳香,营养价值高。据分析 100 克果肉中,含碳水化合物 20 克,蛋白质 1.2 克,脂肪 0.6 克,粗纤维 0.4 克,磷 28 毫克,钙 18 毫克,铁 0.5 毫克,维生素 C 24 毫克,维生素B_1 0.08 毫克等。目前香蕉栽培主要在北纬 30°以南的地区,热带和亚热带为主要经济栽培区域。

　　香蕉适于热带和亚热带气候条件,是热带果树中较能经受较低温度的一种。香蕉整个生长发育期都要求高温多湿。香蕉怕低温,更忌霜雪,受冻后的香蕉果实,原生质遭破坏,果皮含有多量氧化单宁,使果实不能成熟,不宜食用。香蕉叶片宽大,生长迅速,生长量大,要求大量的水分。香蕉根系浅,不耐旱,土壤中要经常有水分供应。香蕉怕强风,易被强风吹倒。香蕉对土壤的选择不很严格,不论山地、平原,各种不同的土壤,都能生长,但产量不同。土壤 pH 值在 4.5~7.5 之间均能生长,以 pH 值 6 以上最适宜。

　　杧果为著名的热带水果,具有适应性广、速生易长、结果早、寿命长、栽培管理容易等优点。果实外观美丽,肉质细嫩、香甜,有特殊风味,营养价值高。果肉含糖 14%～16%,可溶性固形物 15%～24%,含有丰富的维生素 A、维生素 B、维生素 C,特别是维生素 C 的含量高。据分析,每 100 克果肉中含维生素 C 57.4～137.57 毫克,有的品种达 189 毫克。

　　杧果性喜温暖,不耐霜寒,特别是幼龄树。温度是决定杧果分布的主要因素。杧果耐湿、耐旱能力均较强,年降水量在 700~2 000 毫米的地区均能生长,但以有灌溉条件的低雨量地区为好。充足的阳光对杧果生长结果有利。开花期日照强、天气暖和,可以提高着果率。杧果几乎在各种土壤都能生长,而以土层深厚、排水良好的壤土、砂壤土、冲积土较好。土壤 pH 值以 5.5~7 为宜,不宜在碱性过大的石灰质土壤中栽植。

一、用于催芽、促花

1. 乙烯利用于诱导观赏菠萝开花

使用方法　每公顷用乙烯利 1~4 升,喷洒叶面或滴在叶腋中。

效果　诱导观赏菠萝开花。

2. 乙烯利用于菠萝催芽

使用方法　每株选 2 片低位叶,用 25~500 毫克/升的乙烯利溶液滴注该叶腋中。乙烯利以 25~75 毫克/升的浓度使用效果最好。

效果　吸芽数增加,利于加速繁殖。

3. 2,4-D 用于增加菠萝抽蕾率

每株菠萝,叶腋灌注 5~50 毫克/升的 2,4-D 溶液 20~30 毫升,抽蕾率可达 90% 以上。

4. 萘乙酸用于增加菠萝抽蕾率

每株叶腋灌注 15~20 毫克/升的萘乙酸溶液 20~30 毫升,抽蕾率达 90% 以上。

5. 乙烯利用于促进菠萝开花

使用方法　对具有 30~35 片叶的菠萝喷洒 200~800 毫克/升的乙烯利溶液,每株 20~50 毫升。

效果　明显增加菠萝开花数。菠萝是最有效应用生长调节剂、促进开花的物种。

6. 乙烯利用于杧果促花

使用方法　用 400～800 毫克/升的乙烯利溶液,在嫩梢长 8 厘米以下时喷洒。

效果　4 天后可杀死嫩梢,促进杧果花芽分化。

注意事项　乙烯利性质较烈,使用的浓度应控制在 800 毫克/升以内,以免造成杧果落叶。

7. 杀梢灵用于杧果促花

使用方法　杧果末次秋梢老熟后喷施杀梢灵,每隔 10～15 天喷 1 次,连喷 3 次。冬梢刚萌动或刚抽出时,喷杀梢灵 1～2次。

效果　有良好的促花效果。

8. 多效唑用于增加杧果花序

在 1 月中旬摘除花序后,用 500 毫克/升的多效唑溶液喷洒 2 次,盛花期比对照推迟 40 天,再生花序比对照提高 50％～60％;或于 9 月下旬至 10 月底,用 500 毫克/升的多效唑溶液叶面喷洒,也有同样效果。

9. 多效唑用于杧果促花

使用方法　11 月至翌年 1 月份,在树冠滴水线下挖 10 厘米深的浅沟,均匀撒下 15％的多效唑可湿性粉剂 2 克(视杧果树体大小而定,一般 6 年生树 10 克即可),并保持土壤湿润。

效果　可以明显促进杧果成花。

注意事项　多效唑在土壤中的残留时间长,不能连年使用。

二、用于保果、壮果

1. 萘乙酸用于促进菠萝壮果

在巴厘种开花一半和谢花封顶后 5～10 天,各喷 1 次 500 毫克/升的萘乙酸溶液,单果重比对照增加 16%。

2. 赤霉素用于促进菠萝壮果

使用方法 在巴厘种开花一半和开花末期各喷洒 1 次 50～100 毫克/升的赤霉素加 1% 尿素溶液。

效果 正造果单果重比对照增加 60 克,冬果比对照增重 150～200 克,春果比对照增重 150 克。成熟期延迟 7～10 天。

3. 萘乙酸用于促进菠萝果实增大

使用方法 用 100～200 毫克/升的萘乙酸溶液,喷洒 2 次,第一次是在小花开放一半时使用,浓度为 100 毫克/升,第二次在谢花后使用,浓度为 200 毫克/升。如果 2 次喷施时都加入 0.5% 的尿素,可以提高果实增大效果。

效果 可以明显使菠萝果实增大。

注意事项 如果冠芽摘除后用萘乙酸处理,会使药液渗透到果心上,使果心变粗,降低果实的品质。萘乙酸溶液的浓度要控制在 100～200 毫克/升之间,浓度过高,会使果心变粗,果肉酸而粗糙,果实不耐贮藏。萘乙酸有抑芽作用,如果溶液滴到叶腋上或小吸芽上,会导致提早抽蕾,使果实变小。

4. 赤霉素用于促进菠萝果实增大

使用方法 赤霉素溶液使用浓度为 50～70 毫克/升,喷果 2 次。第一次在小花开放一半时使用,赤霉素溶液的浓度为 50 毫克/升;第二次在谢花后使用,赤霉素溶液的浓度比第一次稍高,为 70 毫克/升,如果在赤霉素溶液中加入 1%的尿素,可提高催芽效果。

效果　果实产量明显增产,成熟期会推迟 7～10 天。

注意事项　赤霉素溶液要均匀喷洒在果面上,以果实达到湿润为度,喷施不均匀会引起畸形果。

5．2,4-D 用于促使香蕉增加果指长度

使用方法　在香蕉断蕾时,对果实适当喷洒 2,4-D 溶液。

效果　利于增长果指。喷施适当浓度的赤霉素也有同样效果。

6．赤霉酸用于减少杧果落果

使用方法　在杧果谢花后 7～10 天,喷洒 1 次 50 毫克/升的赤霉酸溶液,在果实如黄豆大小时,再喷 1 次 100 毫克/升的赤霉酸溶液。

效果　有效地减少落果。

7．2,4-D 用于杧果保果

使用方法　在杧果谢花后 7～10 天用 5～10 毫克/升的 2,4-D 溶液喷洒树冠。

效果　减轻落果,提高着果率 3%～15%。

注意事项　2,4-D 又是除草剂,药性很烈,容易造成药害,轻者果实变形,重者杧果树落叶,所以不能随意提高药剂浓度。

8．萘乙酸用于杧果保果

使用方法　在杧果谢花后和果实似豌豆大小时各喷洒 1 次 50～100 毫克/升的萘乙酸溶液。

效果　减少杧果生理落果,保果作用明显。

注意事项　萘乙酸不溶于水,使用前先用乙醇溶解后再加水稀释成所需浓度喷洒。

9．赤霉素用于杜果保果

使用方法　在杜果谢花后和幼果似橄榄大小时各喷洒 1 次 50～100 毫克/升的赤霉素溶液。

效果　明显提高杜果着果率,增加产量 10%～15%。

10．赤霉素用于提高杜果的果实品质

使用方法　在幼果期每隔 7 天喷 1 次 200 毫克/升以下的赤霉素溶液,共喷洒 3 次。

效果　增加单果重及可溶性固形物、含糖量、维生素 C 等的含量。

三、用于果实催熟

1．乙烯利用于菠萝果实催熟

使用方法　在菠萝采收前 20 天左右,用 800～1 000 毫克/升的乙烯利溶液均匀喷湿整个果面,至有少量溶液流下为度。

效果　果实可提前成熟,成熟度一致。

注意事项　如喷洒不均匀,会在 1 个果中出现成熟度不一致的部位。

2．乙烯利用于香蕉果实催熟

使用方法　对 7～8 成的绿色香蕉喷洒 500～700 毫克/升的乙烯利溶液。

效果　48 小时后,香蕉果实开始着色和软化,4～5 天后果肉松软,甜度增加,并有香味。

注意事项　温度低时,乙烯利溶液的浓度宜高,反之宜低。

3．乙烯气体用于香蕉果实催熟

使用方法　以 60 立方米密封房为例，用 200 克氢氧化钠与 500 毫升 40%乙烯利原液混合，闭门密封 40～60 小时。

效果　1～2 天后，香蕉转黄成熟，质量好于用乙烯利溶液浸果和喷果法。

4．乙烯气体在催熟房用于催熟香蕉果实

使用方法　在香蕉催熟房中通入乙烯气体。催熟房容积每1 000立方米，通入 1 立方米乙烯气体（即乙烯气体用量为催熟房容积的千分之一），可催熟香蕉。

注意事项　气体通入催熟房 24 小时后应通风换气。催熟房的温度以 15℃～25℃之间为宜，温度过高，香蕉不能黄熟，空气相对湿度应在 95%以上。

5．乙烯利用于促使杧果果实提前成熟

在果实如豌豆大小时喷布 200 毫克/升的乙烯利溶液，使果实提前 10 天成熟。

第十三章　植物生长调节剂在猕猴桃、柿子和其他果品生产中的应用

猕猴桃种类很多，绝大多数原产于中国。猕猴桃的果实含有丰富的维生素 C，每 100 克鲜果肉中含维生素 C 90～420毫克（比橘子和甜橙的含量高，比苹果和梨的含量更高），胡萝卜素 200 微克，维生素B_1 0.01～0.02 毫克以及维生素 B_2、维生素 E 和维生素 P 等。含可溶性固形物 7%～22%，总酸量0.75%～1.95%，还含有钾、钙、镁、磷、铁、硫、钠、碘、铬、锌等元素。

中华猕猴桃性喜温暖、湿润的生态环境,春季低温或在萌芽期偶遇霜冻或冰凌,则易受冻害,造成减产,并影响翌年产量。猕猴桃喜攀缘在其他树上生长,幼龄期性喜阴凉,成年树需要较多的光照才能良好开花结果。中华猕猴桃对土壤的适应性较强,嫩梢长而脆,叶大而薄,易遭风害,建园要注意避风和营造防风林。

柿为我国特有的优良果树。据分析,柿果的 100 克可食部分中,含胡萝卜素 120 微克,维生素 B_1 0.01 毫克,维生素 B_2 0.02 毫克,维生素 B_3(尼克酸)0.02 毫克,维生素 C 16 毫克,蛋白质 0.4 克,脂肪 0.1 克,碳水化合物 17.1 克,粗纤维 3.1 克,钙 10 毫克,磷 19 毫克,铁 0.2 毫克。

柿性喜温暖气候,在休眠期耐寒力很强,冬季最低温度降至 $-14℃$ 时仍无任何冻害,能忍耐短期 $-20℃ \sim -18℃$ 低温。柿原产于多雨的长江流域,经长期在华北栽培驯化,也能适应干旱气候。柿生长期雨量过多时常引起枝梢徒长,妨碍花芽形成,开花期多雨阻碍授粉受精,易引起落花、落果。柿对土壤要求不严,平地、坡地都可栽培。

猕猴桃、柿和其他果树,也可应用植物生长调节剂,促进生长发育,提高果实质量和产量。

一、用于催芽促根、控梢健树

1. 赤霉素用于促进猕猴桃种子发芽

使用方法 用 500 毫克/升的赤霉素溶液浸泡种子 24 小时。

效果 发芽率达 70.2%,而对照的发芽率近为零。

注意事项 将干种子直接在 500 毫克/升的赤霉素溶液

浸泡中发芽,第七天的发芽率可达 71.1%。

2. 赤霉素用于提高猕猴桃种子的出苗率

使用方法　将滤纸平铺于培养皿的底部,用 500～1 500 毫克/升的赤霉素溶液润湿滤纸,把干(不要先用水浸泡)猕猴桃种子撒放在滤纸上,加盖置于 20℃～25℃的室温下。每天加数滴同样浓度的赤霉素溶液,保持滤纸湿润。15 天后将种子播种。

效果　从种子处理到发芽结束只需 1 个月,发芽率达 70%左右,而沙藏的种子从处理到发芽结束需 3 个月,发芽率仅 49%。

3. 萘乙酸用于提高猕猴桃移栽成活率

使用方法　在无菌条件下,将继代培养的半木质化猕猴桃芽苗剪下,转移到含有 0.5～2 毫克/升的萘乙酸生根培养基中。培养 7～10 天,不等芽苗生根。只大部分茎基部出现白色线状组织时,即取出用清水冲洗干净,栽入 1∶10 的肥土中,浇透水,用塑料薄膜覆盖。

效果　10 天后揭去盖膜时,培养苗已开始生根和出现新叶,即可移栽。移栽成活率达 90%以上。

4. 萘乙酸用于促进猕猴桃插条生根

使用方法　选中华猕猴桃 1 年生半木质化嫩枝作插条,留 1～2 叶片,将基部浸于 200 毫克/升的萘乙酸溶液中 3 小时,取出后扦插在消毒湿沙床上保湿培养。

效果　插条生根率比对照显著提高。

注意事项　①萘乙酸低浓度溶液可促使插条生根,高浓度溶液则抑制生根,因此,萘乙酸溶液的浓度要控制在 200 毫克/升的范围内。②嫩枝插条上端要用蜡封口,以减少水分蒸发,提高成活率。

5. 吲哚丁酸用于促进猕猴桃嫩枝插条生根

使用方法 6月中旬用当年生半木质化枝条,剪成2~3节1枝,上部留1~2片叶。将插条基部在200毫克/升的吲哚丁酸溶液中,浸泡3小时,然后取出,扦插于苗床上。

效果 生根率达83.3%,插条发根数达65条,显著高于对照。

注意事项 扦插后床内应保持较高的温度(25℃左右)和湿度(90%以上),以利于发根。

6. 吲哚丁酸用于促进猕猴桃硬枝插条生根

使用方法 3月上中旬,用1年生枝条剪成2~3节为1枝,基部置于200~600毫克/升的吲哚丁酸溶液中,浸泡3~6小时,然后扦插。

效果 生根率达到60%~100%,而对照只有27%。成活率比对照高40%。

注意事项 用5 000毫克/升的吲哚丁酸溶液快速浸蘸3~5秒钟,也可显著提高插条生根率和成活率。

7. 吲哚乙酸用于促进中华猕猴桃插条生根

使用方法 将插条基部快速浸蘸于5 000毫克/升的吲哚乙酸溶液中,经3~5秒钟,取出扦插于苗床上。

效果 硬枝插条生根成活率达81.8%~91.9%,平均每穗出根数10条以上,单株出根率最多的达49条。

8. 吲哚丁酸用浸泡法促进中华猕猴桃插条生根

以20毫克/升的吲哚丁酸溶液,浸泡半木质化插条3小时,可以促进生根,使插条形成大量不定根。

9. 控梢灵用于促进橄榄树花芽分化

在橄榄末次梢老熟后,每隔10~15天喷洒1次,连续喷洒3次,可促进花芽分化。

10．比久用于促进橄榄树花芽分化

使用方法　在 11～12 月份,用 1 000 毫克/升的比久溶液全树喷洒。

效果　使新梢生长缓慢,甚至停止生长,促进花芽分化。

11．乙烯利用于促进橄榄树花芽分化

使用方法　冬季树势强的用 200～250 毫克/升的乙烯利溶液,每隔 10～15 天喷洒 1 次,共喷洒 3 次。

效果　促使橄榄花芽分化。

注意事项　使用的乙烯利溶液浓度过高时,会抑制橄榄树芽萌发和生长,甚至枯叶落叶。

12．多效唑用于板栗控梢促花

若板栗生长过旺,在 7 月份用 300 毫克/升的多效唑溶液喷洒,有控梢促花作用。

13．赤霉素用于抑制杨梅花芽形成

对弱树或花芽过多的树,在果实采收后喷洒 200～300 毫克/升的赤霉素溶液,每隔 10 天喷洒 1 次,共喷洒 2～3 次。

14．多效唑用于杨梅抑梢促花

使用方法　①土壤施用。于 10 月至翌年 3 月份施用,其中以 11 月最为适宜。施用时将树冠投影的地面内的表土扒开,以见细根为度,将多效唑与 30 倍左右的细土拌匀后,均匀地撒在树冠下,然后覆土。东魁杨梅每平方米施多效唑 0.35克,荸荠种杨梅 0.15～0.2 克,晚梢杨梅和深红杨梅 0.2～0.25 克,水梅类 0.1 克。②叶面喷施。未结果的旺长树在春梢或夏梢长达 5 厘米左右时喷洒;成年结果树可在春梢或夏梢将停止生长时,即花芽分化前喷洒 1 000 毫克/升的多效唑溶液,喷洒至叶片滴水为止。

效果　有明显的抑梢促花效果。

注意事项 多效唑适用于 5 年生以上、生长旺盛的未投产树,一般 5 年生以下的幼树不能施用。土施后隔 4～5 年才能再施,叶面喷洒 1 次后的也要隔 1～2 年再用。施用多效唑还需配合人工拉大主枝和副主枝的角度,才能发挥更大的作用。

二、用于疏果、保果、促丰收

1. 吡效隆用于增大猕猴桃果实

使用方法 猕猴桃盛花后 10～30 天,用 3～5 毫克/升的吡效隆溶液浸果穗。

效果 单果重增加 30%～50%,果实提早 10 天成熟。

注意事项 吡效隆增大果实的作用,需在高水平肥培条件下才能实现,如果水肥不足,则效果较差。在生产上使用时,切勿随便提高吡效隆溶液浓度,以免使果实品质下降。

2. 萘乙酸加赤霉素用于减少猕猴桃果实中的种子

使用方法 用 30 毫克/升的萘乙酸加 100 毫克/升的赤霉素溶液,在猕猴桃谢花后 10 天和 30 天再各喷洒幼果 1 次。

效果 减少猕猴桃果实种子数,诱导形成无籽果实,降低落果率。

3. 多效唑用于柿树控梢促花

7 月上中旬对柿喷洒 300 毫克/升的多效唑溶液,控制枝梢生长,促进开花结果。

4. 萘乙酸用于柿树疏果

开花后 10～20 天,用 5～10 毫克/升的萘乙酸溶液喷洒,对柿有一定的疏果作用。

5. 赤霉素加防落素用于提高柿树着果率

使用方法 柿谢花后至幼果期,用 500 毫克/升或 100 毫克/升的赤霉素加 15 毫克/升的防落素溶液对树冠喷洒。

效果 提高着果率,促进果实膨大。

6．多效唑用于橄榄促花

使用方法 可土施和叶面喷施。土施每株用 10～15 克 15％的多效唑;叶面喷施用 200～500 毫克/升,隔 7～10 天喷洒 1 次,共喷 3 次。

效果 有明显的控梢促花作用。

7．调花丰产素用于提高板栗产量

使用方法 4 月下旬至 5 月上旬,用 100 毫克/升的调花丰产素溶液进行全株喷洒,至叶片滴水为止。

效果 板栗结果枝粗度增加 10.91％,长度降低 21.2％,雌花增加 83.1％,雄花减少 37.95％。单果重提高 9.92％,产量提高 67.24％,板栗坚果成熟期提早。

8．助壮素用于防止香榧幼果脱落

在生理落果前 10 天,用 200～500 毫克/升的助壮素溶液喷洒于 2 年生香榧树的幼果上,可防止落果,减少经济损失。

9．赤霉素用于减轻杨梅大小年结果

弱树或花芽过多的杨梅树,在大年果实采收后用 200～300 毫克/升的赤霉素溶液喷洒,每隔 10 天喷洒 1 次,共喷洒 2～3 次,可增加秋梢、抑制花芽形成。在小年时盛花期或谢花期对树冠喷洒 15～30 毫克/升的赤霉素溶液 1 次,可减轻大小年现象。

10．多效唑、吲熟酯用于减轻杨梅大小年结果

在大年树盛花后喷洒 100 毫克/升的多效唑溶液或 1 毫克/升的吲熟酯溶液,可降低杨梅当年结果数,促发春梢,减轻大小年现象。

11．多效唑加硼砂用于杨梅疏花、疏果

使用方法　在杨梅花凋谢至一半时(盛花末期)，用100～300毫克/升的多效唑溶液进行叶面喷洒，在溶液中加入0.2%硼砂和0.5%尿素混合喷施，效果更好。

效果　盛花末期喷施，疏花、疏果率高于对照16.7%，春梢发生率高于对照36.2%，当年果实提早成熟，果实增大，可溶性固形物增加，品质显著提高，增加小年产量。

注意事项　①切忌在盛花期用高浓度多效唑溶液喷施，以免造成严重减产。②不同的杨梅品种对多效唑浓度敏感程度不一，宜在先行试验后再在生产上使用。③喷施时间宜在清晨或傍晚，喷洒后6小时内如遇下雨要重新喷洒。

三、用于果实催熟、保鲜

1．激动素用于猕猴桃果穗催熟

使用方法　在谢花后10～20天，用3～5毫克/升的激动素溶液浸果穗。

效果　单果增重50%，提早10～15天成熟。

2．乙烯利用于柿子催熟脱涩

使用方法　当果实达到可采成熟度时，用500毫克/升乙烯利溶液喷洒树上柿果。

效果　10天内果实转黄，15天软化脱涩。

3．乙烯利浸果使柿子脱涩

使用方法　将达到成熟度的柿果采下，浸入300～800毫克/升的乙烯利溶液中，几秒钟后即取出，晾干后按常规存放。

效果　经3～5天即可脱涩食用。

注意事项　此法存在严重的缺点，使柿盖与果实结合处容易流水,贮藏性极差,果实货架期短。

4. 乙烯利用于催落橄榄果实

使用方法 在采收前 4～5 天(霜降前后)用 300～400 毫克/升的乙烯利溶液喷洒橄榄,喷药后 4 天振动树枝催落。

效果 果实催落率为 94.7%～100%,比振落工效提高 3～5 倍。

注意事项 乙烯利溶液浓度超过 500 毫克/升时,可能引起早期落叶以及橄榄果实不耐贮藏等副作用。

5. 萘乙酸等用于板栗保鲜

施用方法 用萘乙酸 30 克,羟甲基纤维素 0.5 千克,百菌清 80 克,共溶于 100 升水中。或用萘乙酸 30 克,蔗糖酯 0.5 千克,百菌清 80 克,溶于 100 升水中。或用萘乙酸 30 克,藻酸钠 0.5 千克,百菌清 80 克,溶于 100 升水中。将清洗、优选好的板栗置于上述保鲜溶液中浸泡 5 分钟,捞出晾干 6 小时,装入塑料袋内。

效果 延长板栗保鲜期。

第十四章 植物生长调节剂在 桑、茶生产中的应用

一、用于催芽、促根、助长

1. 吲哚丁酸用于促进桑插条生根

使用方法 老梢插条将基部置于 100 毫克/升的吲哚丁酸溶液中浸 24 小时,或置于 2 000毫克/升的溶液中浸 3 秒

钟;新梢插条将基部置于 5 毫克/升的吲哚丁酸溶液中浸 24
小时,或置于 1 000 毫克/升的溶液中浸 3 秒钟。

效果　促进桑树插条生根,提高成活率。

2. ABT 生根粉用于促进桑插条生根

使用方法　春季硬枝扦插,将插条按 20～50 株扎成 1
捆,基部置于 50～100 毫克/升的 ABT 生根粉溶液中浸泡 2
小时以上;嫩枝扦插(5 月中下旬到 10 月中旬),选择当年生
新枝梢作插条,按 20～50 株扎成 1 捆,在 100 毫克/升的
ABT 生根粉溶液中浸泡 1～2 小时,深度 2～6 厘米。

效果　促进桑树发根,可当年扦插,当年成苗,当年采叶
养蚕。

3. 赤霉素用于促进桑树生长

使用方法　在每次摘桑叶后 10 天左右,用 30～50 毫克/
升的赤霉素溶液喷施桑树。

效果　促进桑茎生长,桑叶的鲜重和干重有所提高,若在
喷洒的同时追施一些速效氮肥,效果更好。

4. 三碘苯甲酸用于促进桑树生长

使用方法　在桑树旺盛生长期,用 300 毫克/升的三碘苯
甲酸溶液进行叶面喷洒,共喷洒 1～2 次。

效果　促进桑树侧枝生长,增加叶片数量和桑叶产量。

5. 赤霉素用于促进茶树种子萌发

使用方法　用 100 毫克/升的赤霉素溶液浸泡茶树种子
24 小时,然后播种。

效果　促进茶树种子萌发,使幼苗根系发达、生长快速,
提前出圃。

6. 萘乙酸用于促进茶树种子发芽

使用方法　用 500 毫克/升的萘乙酸溶液浸泡茶树种子

48 小时,然后用清水洗净种子,即可播种。

效果　种子提早 15 天出土,齐苗期提早 19～25 天。

7. 萘乙酸加维生素 B₁ 用于促进茶树插条生根

使用方法　用 50～200 毫克/升的萘乙酸或 50～200 毫克/升的萘乙酸加维生素 B₁10 毫克/升溶液浸泡茶树插条基部。

效果　插条提早 17～22 天发根,与维生素 B₁ 混用优于单用萘乙酸,可增加发根部位。

8. 萘乙酸用于促进茶树插条生根

使用方法　将插条用 50 毫克/升的萘乙酸溶液浸泡 24 小时,若整条浸泡的,取出后用清水洗去表面的药液,然后扦插。

效果　促进高山露地茶树插条发根。

9. 2,4-D 用于促进茶树插条生根

使用方法　将茶树插条用 400 毫克/升的 2,4-D 溶液浸泡 15 分钟,取出后用清水洗去表面的药液,然后再扦插。

效果　促进茶树插条生根和生长,效果显著。

10. 2,4-D 用于促进茶树嫩枝插条生根

使用方法　剪取 1 年生半木质化枝条,去两头,取枝条中部一段,用 40 毫克/升左右的 2,4-D 溶液浸渍 12 小时。

效果　促进茶树嫩枝插条早生根,根量多。

注意事项　40 毫克/升和 80 毫克/升的 2,4-D 溶液浸渍的插条发根时间最早,根群生长最好。

11. 吲哚丁酸用于促进茶树插条生根

使用方法　将茶树插条基部在 800 毫克/升的吲哚丁酸溶液中速蘸。

效果　促进发根困难的茶树品种发根。

12．三十烷醇用于提高茶苗移栽成活率

使用方法　在茶苗栽植前,用 5～8 毫克/升的三十烷醇溶液浸根 8 小时,或用 1 毫克/升的三十烷醇溶液浸根 16 小时。

效果　发根力强,移栽成活率提高 30.6%,缩短幼苗生长期,提高移栽茶树素质。

13．三十烷醇用于促进茶树插条生根

使用方法　用 10 毫克/升的三十烷醇溶液浸渍茶树插条 12 小时,然后进行扦插。

效果　促进茶树插条发根,加速伤口愈合,使新根增粗、增重。

14．2,4-D、乙烯利、比久、矮壮素用于增强茶树抗寒性

使用方法　在越冬前喷洒 200 毫克/升的 2,4-D 溶液,或于 10 月下旬用 800 毫克/升的乙烯利溶液喷洒;也可在 9 月下旬用 1 000～3 000毫克/升的比久或 250 毫克/升的矮壮素溶液喷洒。

效果　2,4-D、乙烯利溶液喷洒,可抑制茶树深秋萌发新梢,抗寒力增强;比久、矮壮素溶液喷洒,可促进茶树提前停止生长,有利于越冬,使翌年春梢生长良好。

二、用于提高叶、芽产量

1．三十烷醇用于提高桑叶产量

使用方法　用 0.5～1 毫克/升的三十烷醇溶液进行叶面喷洒。

效果　使桑叶鲜重和干重显著增加。

2．防落素用于提高茶叶产量

使用方法　春、夏、秋 3 季用 20～60 毫克/升的防落素溶液喷洒,尤以 60 毫克/升的为佳。一般喷洒 1～2 次。

效果　促使茶树芽萌发,加速生长,芽多、芽壮,增加茶叶产量,提高茶叶品质。

3．赤霉素用于提高茶叶产量

使用方法　于茶树 1 叶 1 心期,用 50～100 毫克/升的赤霉素溶液进行全株喷洒,每公顷喷洒 750 升赤霉素溶液。

效果　打破芽体休眠,茶芽提早 3～4 天萌发。激发部分腋芽和不定芽萌发,增加茶芽密度;促进茶芽生长,喷洒后当季可增产茶叶 10% 以上。

注意事项　溶液浓度要准确。每茶季只宜喷洒 1 次,喷洒后要加强肥水管理;赤霉素在茶体内作用时间约 2 周,茶叶以 1 芽 3 叶时采摘为宜。

4．增产灵用于提高茶叶产量

使用方法　用 10～40 毫克/升的增产灵溶液喷洒茶树。

效果　促进茶叶生长,提高茶叶产量。

5．赤霉素、萘乙酸、乙烯利用于提早茶芽萌发

用 100 毫克/升的赤霉素溶液均匀喷洒于茶树上,使春茶提前 2～4 天开采,夏茶提早 2～4 天开采。用 20 毫克/升的萘乙酸或 25 毫克/升的乙烯利溶液全树喷洒,使春茶提早 3 天萌发。

6．乙烯利用于促使茶树落花、落蕾

使用方法　以茶树盛花期喷洒效果较好。用 600～800 毫克/升的乙烯利溶液全树喷洒。溶液用量,条栽茶园每公顷为 1 500 升。

效果　2～3 天能见效,花蕾脱落率达 80%～90%。

7．赤霉素用于促使茶树芽萌发

使用方法　茶树1芽1叶初展时，以50～100毫克/升的赤霉素溶液喷洒。春季温度较低，浓度可适当高些；夏秋季温度较高，浓度要适当低些。在低温季节可在全天时间里进行喷施，高温季节宜在傍晚进行，利于茶树吸收，以充分发挥赤霉素的功效。赤霉素可与酸性农药和化肥混合喷施。

效果　赤霉素的增产作用，主要在于它能促进芽组织细胞分裂和伸长，加速芽叶萌发，加快新梢生长。采叶茶园喷施赤霉素溶液后，休眠芽受到刺激而迅速萌发生长，芽叶数增多，对夹叶减少，持嫩性好。新梢密度比对照增加10%～25%，春茶一般增产15%左右，夏茶增产20%左右，秋茶增产30%左右。

注意事项　①应用赤霉素不能代替施肥，要取得较好的增产效果，必须与栽培措施紧密配合，尤其要加强水肥管理。②赤霉素不可与碱性农药和化肥混用。③赤霉素要随配随用。

8．丰产素用于促使茶树芽生长

使用方法　茶园常用5 000倍丰产素溶液，于各季茶芽萌发初期(1芽1叶初展期)喷洒。每667平方米用丰产素原液12.5毫升。能促进腋芽萌发，春茶前期使用茶叶增产效果更好。

春茶喷施2次，夏秋茶可结合病虫害防治与农药混用，均匀喷洒于叶片正背面，以湿而不滴水为适度，达到治虫和促进生长两个效果。

效果　茶树喷施丰产素后有多种效应：一是芽梢节间伸长，芽重增加，据测定，芽重比对照增9.4%；二是刺激不定芽萌发，发芽密度增加了13.7%；三是增加叶片叶绿素含量，光合作用能力增强,叶色浓绿,春茶增产 25.8%,夏茶增产 34.5%,秋茶增产 26.6%,年平均增产 29.7%。

注意事项 ①丰产素溶液的浓度不能高于 5 000 倍。喷施后 6 小时内下雨,应重新补喷。②喷洒雾滴要细,以增强附着力,均匀喷湿叶片正背面,以不滴水为宜。③原液应保存于避光、凉爽处。

9．三十烷醇用于促进茶树芽生长

使用方法 于茶芽萌发、鱼叶初展至一叶初展时,以 0.5~1 毫克/升的三十烷醇溶液喷洒。每公顷用 375～750 毫升的三十烷醇。每个茶季喷洒 2 次,2 次之间相隔 15 天左右。为了提高喷施效果,还可加入 0.3% 的尿素混配使用。

效果 喷洒后能调节茶树体内营养物质的转运和利用,促进腋芽萌发、生长,延伸节间长度,扩展叶面积,提高正常芽叶的比率,增加茶芽的萌发密度。增产幅度达 9%～24%;芽梢长、百芽重都有增加。芽叶中的氨基酸、茶多酚、咖啡碱含量分别比对照增加 3.22%,8.48%,5.28%。

注意事项 ①喷洒量以茶树叶片正背面湿而不滴水为度,以节约稀释液。②操作最好在傍晚或阴天进行。③在生产茶园中,春茶施用浓度要适当高于夏秋茶,不宜连续多季和多年使用三十烷醇。

第十五章 植物生长调节剂在
其他树木生产中的应用

一、用于促进种子萌发、出苗

1.赤霉素用于提高松树种子萌发率

用20～30毫克/升的赤霉素溶液浸泡松树种子12～60小时,可提高其萌发率,减少幼苗落叶。

2.吲哚丁酸用于促进落叶松种子萌发

使用方法 落叶松种子不去种皮的情况下,用2 000毫克/升的吲哚丁酸溶液浸泡24小时。

效果 可比常规播种提前9个月出苗,出苗率高。

3.赤霉素用于打破红豆杉种子休眠

使用方法 机械搓去种皮,然后用100毫克/升的赤霉素溶液浸泡种子1小时。

效果 经此处理,种子层积半年即可萌发。

4.赤霉素用于提高杉树种子发芽率

使用方法 用25毫克/升的赤霉素溶液浸泡杉木种子24小时。

效果 提高种子发芽率和田间出苗率,增加杉木苗木出圃率,多出壮苗,为苗木早期丰产打下良好基础。

5.烯效唑用于提高云杉种子出芽率

用10毫克/升的烯效唑溶液浸泡云杉种子12～24小时,使出苗快而齐,苗木生长健壮。

6. 吲哚乙酸用于促进白蜡树种子发芽

使用方法 用 50℃ 温水浸种 24 小时后,以 200 毫克/升的吲哚乙酸溶液浸种 3 小时。

效果 可以达到与层积催芽法基本相当的发芽率。有需时短、经济、简便的优点,可满足白蜡树实生苗生产的需要。

7. 吲哚丁酸用于促进油桐种子萌发

在油桐种子播种前置于水中浸泡 12 小时,然后用 50～500 毫克/升的吲哚丁酸溶液浸泡 12 小时,可促进萌发。

8. 赤霉素加苄基氨基嘌呤用于提高珙桐种子出苗率

使用方法 用 100 毫克/升的赤霉素加 100 毫克/升的苄基氨基嘌呤溶液浸润珙桐种子 1 周。

效果 可使层积 2 年尚未萌发的种子约 70% 在半月内萌发出苗,缩短休眠期约 1 年。

9. 萘乙酸用于提高火棘种子发芽率

用 0.001 毫克/升的萘乙酸溶液浸泡火棘种子,然后用常规方法催芽,可提高火棘种子的发芽率,有利于生根出苗。

二、用于促进苗木移栽成活

1. 吲哚丁酸用于提高马尾松树苗移栽成活率

使用方法 用 50～100 毫克的吲哚丁酸混拌黄泥浆,供马尾松 1 年生实生 I 级裸根苗蘸根栽植。

效果 使造林成活率显著提高,最高可达 97%,提高幼树生长量,降低造林费用。

2. 吲哚丁酸用于促进侧柏苗成活率

使用方法 将 2 年生侧柏苗按 100 株扎成 1 捆,用 100毫克/升的吲哚丁酸溶液浸泡根部 2 小时。

效果　提高侧柏栽植成活率近1.5倍。

3．吲哚丁酸加萘乙酸用于提高银杏移栽成活率

使用方法　在栽前将根部伤口削成光滑平整的截面。取等量的0.1%～0.5%吲哚丁酸和萘乙酸溶液,配成混合液,内加少量克菌丹药液。将此溶液涂抹根部伤口,晾干后用稀泥浆涂抹伤口或浸蘸根系,再配合有关栽培管理措施进行移栽。

效果　提高银杏移栽成活率。

4．赤霉素用于促进槭树幼苗生长

使用方法　用200～400毫克/升的赤霉素溶液喷洒全株。

效果　促进幼树生长,高度显著增加。

注意事项　对橡树、桦树、椴树等1～2年生树也可使用。

三、用于促进插条生根、接穗成活

1．萘乙酸用于促进雪松插条生根

使用方法　选20年生以上、无病虫害、生长健壮的植株,剪取阳面树冠中部的枝条,当年枝在老枝顶端剪下,削平剪口,基部将插条1/3以下的叶子去掉,用200～300毫克/升的萘乙酸溶液浸渍基部1～2分钟,然后取出插入苗床基质中(用蛭石或珍珠岩作插壤较好),搭荫棚使只能透光25%,注意喷水保湿,插后半年生根,1年后,新枝长10厘米以上时即可移栽。

效果　经处理的插条成活率达80%以上。

2．吲哚丁酸用于促进香柏插条生根

使用方法　将插条剪成20厘米长,基部用利刀削平,插条入土部分用刀纵向刻划 4～5 条伤痕,伤痕长 2～3 厘米,将此插条用 40 毫克/升的吲哚丁酸溶液浸泡 16～18 小时。

效果 扦插后 25～40 天即能形成完好的根系。

3.萘乙酸用于提高红松插条成活率

使用方法 在 5～8 月红松处于夏休眠状态时,取红松采穗圃中 5 年生枝梢作插条。插条长 3～5 厘米。扦插前用 1 000 毫克/升的萘乙酸溶液浸泡 24 小时,然后扦插在以沙为主的苗床上(床土经 200 毫克/升的多菌灵消毒),并保持湿润。

效果 扦插成活率可达 65% 以上。

4.萘乙酸用于促进龙柏插条成活

使用方法 选 2 年生枝条,剪成长 14～18 厘米的插条,除去基部枝叶,用 500～1 000 毫克/升的萘乙酸溶液浸泡基部 3～5 秒钟,然后扦插于苗床上,插后遮荫,保持苗床湿润。

效果 插后 90～150 天生根,插条成活率 70%～80%。

5.萘乙酸用于促进水杉夏插成活

使用方法 初夏选采嫩枝,修剪成宝塔形,用 500 毫克/升的萘乙酸溶液浸渍 1～3 分钟,然后将插条的 1/3～1/2 插入苗床,插后将苗床的温度保持在 15℃～24℃。

效果 扦插成活率高。

6.萘乙酸用于促进水杉春插成活

使用方法 春硬枝扦插用 50 毫克/升的萘乙酸溶液浸泡插条 20 小时左右。从立春到春分这段时间里都可进行,而以 2 月下旬到 3 月中旬最好。

效果 扦插 1 年后即可出圃造林。

7.吲哚乙酸用于提高云南红豆杉插条生根率

使用方法 取 1～2 年生全部木质化的云南红豆杉枝条,

剪成穗长 10～15 厘米、有 1 个顶芽或短侧芽的插条,每 50 条扎成 1 捆,用 20～100 毫克/升的吲哚乙酸溶液浸泡基部 12 小时。

效果　对于提高插条的生根率和促进根系发育有明显的作用。其中以浓度为 50 毫克/升的吲哚乙酸溶液浸泡效果最好,生根率达 96%。

8. 吲哚丁酸用于提高欧洲云杉插条成活率

使用方法　取 10 年生以下母树的当年生半木质化嫩枝当插材,剪成约 10 厘米长带顶芽的插条,按每 50 根扎成 1 捆,将基部 2～3 厘米放入 100 毫克/升的吲哚丁酸溶液中浸泡 30～50 分钟。

效果　显著提高其扦插成活率。

9. 萘乙酸、吲哚丁酸用于促进毛白杨插条生根

使用方法　毛白杨通常用 1 年生苗或大树的根蘖萌条作插条。有 3 种使用萘乙酸和吲哚丁酸的方法:一是深窖埋藏。在背风向阳、排水良好的地方挖窖,窖中保持沙土含水量为 6%～7%,温度为 4℃～7℃,将插条基部速蘸 2 000 毫克/升的萘乙酸和吲哚丁酸溶液,入窖贮藏一冬。二是温床催根。插前 12～16 天将插条速蘸 2 000 毫克/升的萘乙酸和吲哚丁酸溶液,然后放入 10℃～25℃ 的温床中。三是流水浸条。插条浸在流水中 4～6 天,使其吸足水分,溶去生根抑制物,插时速蘸 2 000 毫克/升的萘乙酸和吲哚丁酸溶液。

效果　提高成活率。第一种与第三种提高插条成活率 30% 以上,第二种提高插条成活率 70% 以上。

10. 萘乙酸用于提高银新杨插条成活率

使用方法　用当年萌生的半木质化银新杨嫩枝(留 4 片叶)作插条,插前用 200～300 毫克/升的萘乙酸溶液蘸基部,

并采用塑料小棚封闭插床,喷雾育苗。

效果 插条提早生根,成活率稳定在 90% 以上。

11．高效生根剂用于促进水曲柳插条生根

使用方法 从水曲柳 3～5 年生的幼树上剪取当年生嫩枝作为插条,插条长 8～10 厘米,插前用 200 毫克/升的高效生根剂(吲哚丁酸与萘乙酸混剂)溶液浸泡基部 24～48 小时,然后取出扦插于苗床上。苗床适当遮光,地温保持在 15℃～20℃ 之间。

效果 可使生根率达 80% 以上。

注意事项 若扦插到沙地中,沙地在扦插前要用 200 毫克/升的多菌灵消毒,并经常浇水。

12．萘乙酸用于促进油茶插条生根

以 125 毫克/升的萘乙酸溶液浸渍插条 24 小时,然后扦插。生根数比对照多 1 倍以上,成活率较对照多 50%。

13．萘乙酸加 ABT 生根粉用于提高银杏插条生根率

使用方法 取银杏嫩枝条剪成 10 厘米左右的插条,保留上部 2 个叶片,基部用 50 毫克/升的萘乙酸溶液浸泡 12 小时,再用 100 毫克/升的 ABT 1 号生根粉溶液浸泡 1 个小时,然后取出扦插。

效果 使生根率达 85% 以上。

14．吲哚丁酸用于提高海南粗榧插条成活率

以 1 000～1 500 毫克/升的吲哚丁酸溶液,浸泡半木质化的海南粗榧插条,取出扦插,即能成活。侧枝插条较直生枝发根快,生根率高。扦插基质以椰糠为优。

15．吲哚乙酸用于促进红继木插条生根

使用方法 取当年生半木质化的红继木嫩枝,将其剪成插条,基部置于 200 毫克/升的吲哚乙酸溶液中浸泡 6～8 小时,然后插入以蛭石作基质的盆内,用薄膜覆盖保湿。

效果　插后 15 天开始生根,1 个月后生根率达 90% 以上。

16. 吲哚丁酸用于促进海南石梓插条生根

使用方法　海南石梓的种子播种后发芽率不高,多用扦插繁殖。可用 100 毫克/升的吲哚丁酸溶液浸蘸插条基部,然后扦插。

效果　促进生根,发根率达 70%～80%。

17. 萘乙酸用于促进印度黄檀插条生根

使用方法　用 100 毫克/升的萘乙酸溶液浸蘸印度黄檀插条基部,然后扦插。

效果　促进插条生根,发根率达 70%～80%。

18. 吲哚丁酸用于促进大叶榆空中压条生根

使用方法　选母树根际萌蘖枝或树冠上 1～2 厘米粗的直立生长枝,去掉下部几个叶片,在去叶部位环剥 1～1.5 厘米宽,用 1 000 毫克/升的吲哚丁酸加 10% 蔗糖,加少量维生素 B_1 配成的溶液涂抹环剥部位,再用长宽各 20 厘米的薄膜包裹环剥部位,裹成 6～7 厘米直径的塑料筒,筒下部扎紧,筒内填入经 1% 高锰酸钾溶液消毒过的蛭石,再扎紧上口。

效果　15 天即可发根,定植后成苗率达 90% 以上。发根时间比一般扦插育苗提早 45～30 天。

19. 赤霉素用于促进橡皮树插条生根

使用方法　选 3～4 年生植株中部枝条,剪成长 7～9 厘米、带有 3～4 个叶片(剪去叶片,以减少水分蒸发)的插条。插条基部用 200 毫克/升的赤霉素溶液浸泡 2 小时,然后插入沙床,插深 2 厘米左右。

效果　发根快,生长健壮。

20．吲哚丁酸用于促进江南槐接穗成活

江南槐常用嫁接繁殖。嫁接前，用 50～100 毫克/升的吲哚丁酸溶液,浸泡接穗基部 4 小时,可以加快愈伤组织形成,促其生长。

21．吲哚乙酸用于提高白桦插条生根率

使用方法　取白桦半木质化嫩枝,剪成长 10～15 厘米的插条,保留 1 对叶片,基部划几道伤痕。扦插前用 2 000 毫克/升的吲哚乙酸溶液浸蘸基部 5 秒钟,随即扦插于苗床上。苗床用珍珠岩与泥炭的混合作为基质,扦插后遮光保湿。

效果　显著提高插条生根率和生根数。

22．萘乙酸用于促进黄波罗插条生根

使用方法　取实生树当年生硬枝,剪成 10 厘米左右的插条,每支插条保留 4 个芽,顶部保留两个复叶中的 4 个小叶。扦插前用 50 毫克/升的萘乙酸溶液浸泡基部 6 小时。

效果　显著提高插条的生根率和扦插成活率。

23．萘乙酸用于提高紫椴插条成活率

使用方法　从树龄在 10 年以内的紫椴树上选取嫩枝,剪成长 10 厘米左右的插条。插条也可用 2～3 年的实生苗。用 100 毫克/升的萘乙酸溶液浸蘸插条基部 30 秒钟,或用 200 毫克/升的萘乙酸溶液浸泡插条基部 48 小时,然后扦插到以细沙为主的插床中。插床用帘子遮光、保湿,地温保持在 18℃～25℃。

效果　如果环境条件控制得好,插条成活率可达 50％以上。

24．萘乙酸用于促进龙柏插条生根

使用方法　①高浓度快浸法:将萘乙酸配成 200～500 毫克/升的溶液,然后将插条基部在萘乙酸溶液中浸渍 5 秒钟左右,待插条基部略晾干后即可扦插。②低浓度慢浸法:对于1年生嫩枝插条,可将萘乙酸配成20~100毫克/升的溶液,一般以50毫克/升为最适,将插条置于萘乙酸溶液中浸泡12~24小时;在夏、秋季节,用嫩枝扦插,浸泡时间以6~8小时为宜。可将插条50~100枝扎成1捆,将插条基部3厘米左右浸入萘乙酸溶液中。

效果　用扦插方法繁殖龙柏苗,一般不易生根,若用萘乙酸处理插条,促使插条内部的内源激素更快地从顶端向基部转运,使之加快生根。可使插穗50天后即生根,成活率达90%以上。

注意事项　用快浸法或慢浸法处理龙柏插条,在苗床上扦插后,要加强苗床管理,特别是采用遮阳、喷(浇)水、保湿等措施。用此方法处理雪松、桂花、橡皮树、瑞香等树的插条均有效。

25. 萘乙酸和吲哚丁酸用于促进米兰空中压条生根

使用方法　取萘乙酸和吲哚丁酸各75毫克,溶于2毫升酒精中,将此溶液涂在10厘米×20厘米的滤纸上,待滤纸晾干后,将药纸裁成1厘米×2厘米的纸条备用。米兰进行空中压条时,先将药纸包于米兰枝条的环剥处,再在外面包裹苔藓或泥土,外套塑料小袋,经2~3个月在环剥处生长出新根。

效果　用萘乙酸和吲哚丁酸处理米兰的空中压条,使育苗时间缩短,根数比对照(不用药)增加3倍,根长比对照增加1~4倍。

注意事项　①用萘乙酸和吲哚丁酸处理空中压条时,选择的枝条应具有较理想的株型。环剥时应将韧皮部剥出1~2毫米宽,然后再包裹药纸,待新根长成后即可剪下上盆栽培。②此法可用于桂花、盆栽葡萄等。桂花空中压条育苗,可使桂花当年开花(在 4～5 月份选择较理想的枝条,进行药剂包裹套袋处理)。7 月份将生根压条剪下栽植后,一般当年即能开花。③若处理葡萄,可在葡萄开花后,果枝达 20～30 厘米长时,在果枝基部进行处理,经 30～40 天压条,即长成新根,然后剪下进行盆栽种植。

26．2,4-D 加三十烷醇用于促进山茶花插条生根

使用方法　选用健壮、无病虫的山茶花当年生嫩枝(已木质化),剪成长 7.5～15 厘米的插条,将插条基部置于 100 毫克/升的 2,4-D 和 1 毫克/升的三十烷醇混合液中浸泡 20 小时,取出插条晾干,然后将插条下 2/3 左右插入用河沙、木屑、煤渣(比例为 1∶1∶1)混合配成的基质中,苗床采用塑料薄膜封闭、作保湿处理。

效果　用 2,4-D 与三十烷醇混合液处理的山茶花插条,经 2 个月后发根率和成活率达 90% 以上。

注意事项　苗床要求遮阳、保湿,又要防积水。此法也可用于月季、叶子花等的插条。

27．吲哚丁酸用于促使桂花插条生根

使用方法　剪取桂花夏季新梢(当新梢停止生长,并有部分木质化),截成 5～10 厘米的插条,每一插条仅留上部 2～3 片绿叶,插条基部置于 500 毫克/升的吲哚丁酸溶液中浸渍 5 分钟,晾干后插于苗床中,苗床覆盖遮荫。

效果　可使发根提前,成活率提高。

注意事项　苗床应用透水性好的材料作基质,设置于阴凉的地方,扦插后要遮荫,保持湿润。此方法还可用于山茶花、茶梅、含笑等的扦插。若将吲哚丁酸与萘乙酸按一定的比例混合,用活性炭粉末作辅料,即是商品生根粉的基础配方。

28. 吲哚乙酸或吲哚丁酸用于促进香椿插条生根

使用方法 6月下旬至7月上旬取70～80天生的半木质化的枝条,截成10～15厘米的插条,置于80毫克/升的吲哚乙酸或吲哚丁酸溶液中浸泡2小时,然后插入基质中(蛭石、珍珠岩、沙等)。

效果 促进插条生根,经处理的插条25～35天即可生根。

29. 吲哚丁酸或吲哚乙酸用于促进香椿根插出苗

使用方法 将出圃苗木遗留的根系或从健壮母树上挖掘直径为0.5～1厘米侧根作扦插材料。将根截成15～20厘米的小段,大头切成平面,小头削成斜面,将斜面置于60～100毫克/升的吲哚丁酸或吲哚乙酸水溶液中浸泡10～20小时,然后大头向上,小头插入苗床中,使其略露出床面。

效果 促进生根出苗,提高成活率,大约30天插条即可生出幼苗。

四、用于促长控长、防病壮树

1. 二凯古拉酸钠用于引发松柏类侧枝生长

使用方法 用0.06%～0.2%的二凯古拉酸钠溶液喷洒松柏类植株。

效果 使树木顶芽抑制,引起侧枝的剧增,效果与机械修剪相同。

2. 青鲜素用于抑制常绿松树新芽过度生长

用2 000～2 500毫克/升的青鲜素溶液喷洒松树,可控制新芽过度生长,有效期4个月。

3．多效唑用于促进樟子松幼苗木质化

使用方法　用1 000毫克/升以上的多效唑溶液,对高生长期的樟子松幼苗进行喷洒。

效果　促进樟子松幼苗木质化,并使造林成活率提高30％以上。

4．芸薹素内酯用于促进湿地松茎枝加粗生长

使用方法　早春用0.5～1毫克/升的芸薹素内酯水溶液淋灌湿地松1年生苗木。

效果　在5～6月份生长高峰期促进向高生长,9～10月份促进茎枝加粗生长。另外,还可提高湿地松的耐热性和抗寒性。

5．烯效唑用于防止红松二次生长

使用方法　用5％的烯效唑可湿性粉剂,按每公顷750～900克加水450升,用于喷洒红松。

效果　可以防止红松二次生长,提高抗旱、抗寒的能力。

6．2,4-D丁酯用于抑制杨柳根桩萌条

使用方法　在萌条发生后用0.1％的2,4-D丁酯喷洒。

效果　抑制杨柳根桩萌条。

注意事项　喷洒过程中要防止溶液飘移。

7．烯效唑用于加速杨树苗木木质化

使用方法　在8月下旬至9月中下旬杨树苗木硬化期,用5％烯效唑可湿性粉剂按每公顷600～900克,对450升水,进行叶面喷洒。

效果　加速苗木木质化进程。

8．青鲜素用于控制白杨树疯杈

使用方法　用4.6％～9.2％青鲜素溶液喷洒。

效果　控制其疯杈和枝条生长。

注意事项　一般在2～3月份天气晴朗、树身干燥时喷洒,以利于吸收。

9. 青鲜素用于控制白蜡树疯杈

使用方法　2～3月份天气晴朗、白蜡树身干燥时,用1 500～3 000毫克/升的青鲜素溶液叶面喷洒。

效果　可控制其疯杈和枝条生长。

注意事项　对白杨树、榆树等也可使用,方法相同。

10. 辛酸用于控制海桐枝梢生长

使用方法　在海桐新梢抽出5～9.2厘米时,叶面喷洒0.2毫克/升的辛酸溶液。

效果　抑制海桐顶端优势,诱导侧枝发生和生长。

注意事项　若用0.04摩尔/升的辛酸和4 000毫克/升的多效唑溶液混合喷洒,至翌年仍能控制顶芽生长,效期较长。

11. 多效唑用于提高赤桉抗寒力

使用方法　在初冬用300～1 000毫克/升的多效唑溶液,叶面喷洒,或用1 000毫克/升溶液土施。

效果　显著抑制冬梢生长和腋芽萌发(土施抑制的效果更显著),使之在严寒来临之前停止生长。多效唑喷洒后叶片内超氧化物歧化酶、过氧化物酶仍然维持较高的活性,抑制了叶绿素降解,可积累较多的可溶性糖,从而提高赤桉的抗寒能力。经1 000毫克/升的多效唑溶液土施或叶面喷洒的赤桉,在1月中旬冰冻后,叶片受冻害程度分别为对照的33%和41%。

12. 青鲜素用于控制行道树树形

使用方法　用0.1%～0.25%的青鲜素溶液,在春季行道树腋芽开始生长时进行叶面喷洒。

效果　因新生的常绿树叶片比完全展开的叶片更容易吸收青鲜素,使靠近新叶部位的顶芽生长受到抑制,从而抑制树体生长,较长久地保持树形,减少人工剪修的劳力和费用。

注意事项　青鲜素溶液的浓度要视树木的品种、生长阶段以及树体对本制剂的反应程度来决定。

13．调节膦用于促使橡胶树矮化

使用方法　早春橡胶树第一蓬叶展开后,用1 200～1 500毫克/升的调节膦溶液,对丛生叶由上向下喷洒,直到滴水为止。

效果　抑制顶芽生长,诱发3～6个侧芽,使橡胶树矮化,防止被大风吹折。

注意事项　侧芽第一蓬叶展开后,按上法再喷洒1次,效果更好。

14．乙烯利用于防治橡胶树白粉病

越冬前用2 000～3 000毫克/升的乙烯利溶液喷洒橡胶树,使其提前落叶,翌年新叶提早长出,避开白粉病发病期。

15．多效唑用于控制大叶黄杨株形

使用方法　大叶黄杨上年修剪成形后,于翌年新梢萌发前,用2 000～4 000毫克/升的多效唑溶液进行叶面喷洒。植株经多效唑处理之后,其节间缩短,茎变粗,茎上部节密集,叶片呈簇生状,能长时间保持修剪的观赏造型效果。

效果　提高观赏效果,节省人工,可长期保持植株原来造型。

注意事项　大叶黄杨经多效唑处理后,翌年应停止使用,以免年年使用,使植株受控过重,影响生长,同时肥、水条件也应适宜,若肥、水过大又会影响控苗效果。

五、用于促果、控果、促丰产

1．乙烯利用于促进银杏果实脱落

使用方法　在银杏成熟时，用 500～700 毫克/升的乙烯利溶液均匀喷洒在树冠上。

效果　15 天后果实脱落率达 90％以上，提高银杏收获效率。

注意事项　经处理后会有 40％的叶片变黄，并可能轻度落叶。使用时应注意掌握使用时期和浓度。

2．乙烯利用于控制悬铃木球果生长

使用方法　在春季悬铃木开花早期，用 400～1 000 毫克/升的乙烯利溶液喷洒植株。

效果　抑制球果生长，使之萎缩，有效减少种毛的飞散，减轻环境污染。

3．青鲜素用于抑制欧洲七叶树结实

用 18％青鲜素注射入欧洲七叶树树身，平均间隔 100～125 毫米注射 1 针，使树正常开花而不结实。

4．乙烯利用于促进橡胶树产胶

使用方法　将割线下 2 厘米宽的老树皮刮去，露出青皮，用棕榈油等配成 10％的乙烯利油剂，均匀涂抹在青皮上。

效果　处理后 1 天后即能增加排胶量。

注意事项　经处理后的橡胶树，宜每 2 天割胶 1 次，以节省人工、提高工作效率和产量。本法只用于 15 年生以上的实生橡胶树，并要严格掌握使用剂量，配以适宜的割胶制度，加强橡胶林管理，以免树皮溃烂，缩短产胶寿命，甚至造成植株死亡。

5．乙烯灵用于提高橡胶树产胶量

乙烯灵是用乙烯利与微量元素等复配而成的试剂,每 5 株用 1 千克,每 15～30 天涂橡胶树 1 次,可减少橡胶树死皮,加快再生皮生长,提高产胶量,增强割面抗寒力。

6．乙烯利用于促进漆树产漆

进入高产期的漆树(7 月上中旬,3～7 刀次时流漆量最高,质量最好),用乙烯利处理。土壤肥力差、树体小、长势弱的漆树用 1% 的乙烯利溶液;土地肥力中等、树体小、生长差、已开割漆林用 2% 的乙烯利溶液;土地肥力、树体、长势中等的漆树用 4% 左右的乙烯利溶液;土质好、树体大、生长旺的漆树用 4%～6% 的乙烯利溶液。每年处理 1～2 次,第一次在 6 月底至 7 月上旬,第二次在 8 月上旬,如果遇干旱,第二次可推迟或不处理。

7．乙烯利用于提高安息香树脂产量

使用方法 于 5～6 月份,在安息香树上选取 3 个宽 2.5 厘米、长 4 厘米的部位,刮去表皮,形成刮面。在刮面上涂一薄层 10% 的乙烯利油剂。

效果 增加树脂产量,不影响质量。

注意事项 不要在幼龄树上开割,最好在管理好树势的条件下开割,以免损伤树体或导致死亡。

附　录

一、已知植物生长调节剂用量和使用浓度查找对水量

根据植物生长调节剂用量(有效成分为100%)和使用浓度求需水量,可查表1。

例1:现有有效成分100%的植物生长调节剂0.5克,欲配制使用浓度为10毫克/升的溶液,应加水多少? 查表1,需加水50升。

例2:现有有效成分100%的植物生长调节剂1克,欲配制使用浓度为40毫克/升的溶液,应加水多少? 查表1,需加水25升。

表1　已知植物生长调节剂用量和使用浓度查找对水量 (单位:升)

植物生长调节剂用量(克)	使用浓度(毫克/升)											
	0.5	1.0	10	20	30	40	50	60	70	80	90	100
0.1	200	100	10	5	3.4	2.5	2	1.7	1.5	1.3	1.1	1
0.2	400	200	20	10	6.7	5	4	3.4	2.9	2.5	2.2	2
0.3	600	300	30	15	10	7.5	6	5	4.3	3.8	3.3	3
0.4	800	400	40	20	13.4	10	8	6.7	5.7	5	4.5	4
0.5	1000	500	50	25	16.7	12.5	10	8.4	7.2	6.3	5.6	5
0.6	1200	600	60	30	20	15	12	10	8.6	7.5	6.7	6
0.7	1400	700	70	35	23.4	17.5	14	11.6	10	8.8	7.8	7
0.8	1600	800	80	40	26.7	20	16	13.4	11.4	10	8.8	8
0.9	1800	900	90	45	30	22.5	18	15	12.9	11.3	10	9
1.0	2000	1000	100	50	33.5	25	20	16.5	14.5	12.5	11	10

注:植物生长调节剂用量按有效成分100%计

二、已知植物生长调节剂的有效成分含量、溶液浓度和用量查找原料剂需要量

根据植物生长调节剂有效成分含量和使用浓度,求需用原料量,可查表2。

例1:现有有效成分含量10%的植物生长调节剂,欲配制50升的5毫克/升溶液,需多少原料? 查表2,取原药2.5克,对水50升即成。

例2:现有含有效成分5%的植物生长调节剂,欲配制30毫克/升溶液50升,需多少原料? 查表2,取植物生长调节剂30克,对水50升,即成50升浓度为30毫克/升的溶液。但现只需100毫升,所以

$$50\,000 : 30 = 100 : x$$
$$x = 30 \times 100 / 50\,000 = 0.06 \text{ 克}$$

取含有效成分5%的植物生长调节剂0.06克,对水100毫升,即得100毫升浓度为30毫克/升的溶液。

表2 已知植物生长调节剂的有效成分含量、溶液浓度和用量查找原料剂需要量 （单位：克）

溶液浓度(毫克/升)	植物生长调节剂有效成分含量(%)												
	5	10	15	20	25	30	40	50	60	70	80	90	100
1	1.000	0.500	0.333	0.250	0.200	0.167	0.125	0.100	0.083	0.071	0.063	0.056	0.050
2	2.000	1.000	0.667	0.500	0.400	0.333	0.250	0.200	0.167	0.143	0.125	0.111	0.100
3	3.000	1.500	1.000	0.750	0.600	0.500	0.375	0.300	0.250	0.214	0.188	0.167	0.150
5	5.000	2.500	1.667	1.250	1.000	0.833	0.625	0.500	0.417	0.357	0.313	0.278	0.250
10	10.000	5.000	3.333	2.500	2.000	1.667	1.250	1.000	0.833	0.714	0.625	0.556	0.500
20	20.000	10.000	6.667	5.000	4.000	3.333	2.500	2.000	1.667	1.429	1.250	1.111	1.000
30	30.000	15.000	10.000	7.500	6.000	5.000	3.750	3.000	2.500	2.143	1.875	1.667	1.500
50	50.000	25.000	16.667	12.500	10.000	8.333	6.250	5.000	4.167	3.571	3.125	2.778	2.500
70	70.000	35.000	23.333	17.500	14.000	11.667	8.750	7.000	5.833	5.000	4.375	3.889	3.500
100	100.00	50.000	33.333	25.000	20.000	16.667	12.500	10.000	8.333	7.143	6.250	5.556	5.000

注：配制药液量为50千克

三、常用植物生长调节剂的
名称、剂型和主要用途简介

1. 吲哚乙酸

又名生长素,简称 IAA。粉剂、可湿性粉剂。吲哚乙酸用途广泛,可促进细胞分裂、维管束分化、光合产物分配、叶片扩大、茎伸长、雌花形成、单性结实、种子发芽、不定根和侧根形成、种子和果实生长、坐果等。

2. 吲哚丁酸

化学名称吲哚-3-丁酸,简称 IBA。剂型有 10% 可湿性粉剂,92% 或 98% 粉剂等。吲哚丁酸主要用于促进生根,其效果是生长素类调节剂中最好的一种,能有效地促进形成层细胞分裂而长出根系,从而提高插条成活率。

3. 萘乙酸

化学名称为 α-萘乙酸,简写 NAA。剂型有 99% 精制粉剂和 80% 粉剂、2% 钠盐水剂、2% 钾盐水剂。萘乙酸对植物的主要作用是促进细胞扩大,从而促进生长。主要应用于刺激插条生根、疏花疏果、防止落果、诱导开花及促进植物生长等方面。

4. 萘氧乙酸

简写为 NOA。生理作用似萘乙酸,防止果实脱落。

5. 萘乙酸甲酯

简写为 MENA。主要用于抑制马铃薯块茎贮藏期发芽,对萝卜等防止发芽也有效,还能延长果树和观赏树木芽休眠期。

6. 吲熟酯

又名丰果乐,富果乐,简写 IZAA。化学名称为 5-氯-1H-吲哚-3-基乙酸乙酯。有 94% 粉剂、20% 乳油。主要用于疏花、疏果,促进生根,控制营养生长,促进果实成熟和改善果实品质等。

7. 2,4-D

化学名称为 2,4-二氯苯氧乙酸,简写为 2,4-D。有 80%可湿性粉剂、20% 乳油、72% 丁酯乳油、55% 胺盐水剂、90% 粉剂等。2,4-D 用途随浓度而异,效果不一。较低浓度是植物组织培养的培养基成分之一,中等浓度可防止落花、落果,诱导无籽果实形成和果实保鲜等,高浓度可杀死多种阔叶杂草。

8. 防落素

化学名称为对氯苯氧乙酸,简写为 PCPA 或 4-CPA。其他名称还有:番茄灵、丰收灵、坐果灵、促生灵等。有 90% 粉剂、95% 可湿性片剂、1% 水剂、2.5% 水剂和 5% 水剂。防止番茄等茄果类蔬菜落花、落果,促进果实发育,形成无籽果实,使果实提早成熟、增加产量、改善品质等。

9. 增产灵

化学名称为 4-碘苯氧乙酸。工业品含量在 95% 以上,橙黄色粉状固体,带刺激性臭味。主要作用是促进生长和发芽,防止落花落果,使果实提早成熟和增加产量等。

10. 甲萘威

又名胺甲萘、西维因、蔬果安等,化学名称为 N-甲基-1-萘基氨基甲酸酯,简写为 NAC。有 25% 可湿性粉剂、50% 可湿性粉剂、80% 可湿性粉剂,1.5% 粉剂、2% 粉剂、5% 粉剂、10% 粉剂,10% 悬浮剂,25% 糊剂。该剂为高效低毒的氨基甲酸酯杀虫剂,同时又是较好的苹果、梨等花后疏果剂。

11. 赤 霉 素

简写为 GA,是从赤霉菌培养液中提取的一类化合物,已在各种植物体内现发现 100 多种赤霉素。其中以 GA_3(赤霉酸)活性最高,应用最广,又名"九二〇"。市售的赤霉素主要是赤霉酸及 GA_4,GA_7,$GA_4 + GA_7$ 的混合剂等。有 85% 粉剂,40% 水溶性粒剂、片剂、乳剂等,乳剂溶于水。赤霉素能打破种子、块茎、块根休眠,促进萌发;刺激果实生长,提高结实率或形成无籽果实;可以代替低温条件,促使一些植物在长日照条件下抽薹开花,也可以代替长日照作用,使一些植物在短日照条件下开花;诱导一些植物发生雄花等。

12. 激 动 素

化学名称为 6-糠基氨基嘌呤,6-糠基腺嘌呤,简写 KT,KN,又名动力精。激动素主要用于组织培养,促进细胞分裂和调节细胞分化,还用于促进幼苗生长、促进坐果、延缓器官衰老、果蔬保鲜等。

13. 苄基氨基嘌呤

又叫 6-苄基腺嘌呤、绿丹、BA、BAP、6-BA、细胞激动素等。有 95% 粉剂。用于提高着果率、促进果实生长、蔬菜保鲜、打破休眠促进种子发芽。打破顶端优势等。

14. 异戊烯腺嘌呤

异戊烯腺嘌呤是微生物发酵产生的含有烯腺嘌呤和羟烯腺嘌呤、具有细胞分裂素活性的生长调节剂,其成分主要是4-羟基异戊烯基腺嘌呤和异戊烯腺嘌呤的混合物。0.0001% 异戊烯基腺嘌呤可湿性粉剂由发酵液加填料,再经干燥加工而成。可促进细胞分裂及生长活跃部位的生长发育,用于柑橘、西瓜、玉米、多种蔬菜及烟草上,增加产量、提高产品品质、保花保果等作用。

15. 吡效隆

化学名称为 N-(2-氯-4-吡啶基)-N-苯基脲,是苯基脲类细胞分裂素,又名 CPPU,4PU-30,氯吡脲等。工业品为无色透明水溶性液体,含有效成分 0.1%。具有促进细胞分裂、器官分化、叶绿素合成,防衰老,打破顶端优势,诱导单性结实,促进坐果和果实肥大等作用。

16. 脱 落 酸

脱落酸的缩写为 ABA。脱落酸可促进叶片脱落,诱导种子和芽休眠,抑制种子发芽和侧芽生长,提高抗逆性。

17. 诱 抗 素

即脱落酸的天然发酵产品的商品名。又名 S-诱抗素,也可简写为 ABA。以诱抗素为主要成分的调节剂有多种类型,包括壮菜、生根、叶面喷施等多种类型。诱导植物产生对不良生长环境(逆境)的抗性,如诱导植物产生抗旱性、抗寒性、抗病性、耐盐性等,还可用于促进种子、果实的蛋白质和糖分积累,改善作物的质量,提高作物产量,控制发芽和蒸腾,调节花芽分化,切花保鲜等。

18. 青 鲜 素

化学名称为顺丁烯二酸酰肼、马来酰肼,又名抑芽丹,缩写为 MH。有 25% 钠盐水剂、30% 乙醇铵盐水剂、50% 可湿性粉剂。抑制芽的生长和茎伸长,降低光合作用,促进产品成熟。青鲜素主要用于抑制鳞茎和块茎在贮藏期的发芽,控制烟草侧芽生长。

19. 三碘苯甲酸

化学名称为 2,3,5-三碘苯甲酸,缩写为 TIBA。有 98% 粉剂、2% 液剂。抑制茎顶端生长,使植株矮化,促腋芽萌发、分枝,增加开花和结实。

20．整 形 素

化学名称为 2-氯-9-羟基芴-9-羧酸甲酯，又名形态素、绿甲丹、氯芴醇。有 10% 乳油、2.5% 水剂。抑制顶端分生组织，使植株矮化，促进侧芽发生。

21．增 甘 膦

化学名称为双亚甲基亚磷酸甘氨酸，又名催熟膦、草双甘膦。有 90% 可湿性粉剂、85% 可溶性粉剂、85% 水剂。抑制植株生长，改变同化产物在器官间的分配，增加糖分积累和贮藏，主要用于甘蔗和甜菜的催熟增糖。

22．多 效 唑

又名氯丁唑、PP₃₃₃，是三唑类植物生长调节剂。工业品为淡黄色的 15% 可湿性粉剂。通过干扰、阻碍植物体内赤霉素的生物合成、降低植物体内的赤霉素水平来减慢植物生长速度、抑制茎伸长、控制树冠、提高抗倒伏能力，同时，多效唑对植物的抑制作用，又可通过使用赤霉素使之逆转。多效唑除主要作为生长调节剂应用外，还有抑菌作用，因此，又是杀菌剂。

23．烯 效 唑

烯效唑又名高效唑、优康唑、S-3307。5% 乳油和粉剂，0.08% 颗粒剂。用于矮化植株、除杂草、杀菌(黑粉菌、青霉菌)，促进块根块茎膨大，控制营养生长，促进结实，促进分蘖等。

24．粉 锈 宁

又叫三唑酮。制剂为白色至浅黄色粉末，不溶于水，易在水中扩散。用于延缓花生、菜豆、大麦、小麦等作物生长。

25．矮 壮 素

化学名称为 2-氯乙基三甲基氯化铵，其他名称为氯化氯代胆碱,又名三西、西西西、稻麦立,简写为 CCC。有 50% 水剂、97% 粉剂。使植物矮壮,茎秆增粗,叶色加深,以及增强抗倒伏、抗旱、抗寒、抗盐碱等性能。

26．氯化胆碱

化学名称为(2-羟乙基)三甲基氯化铵。有 2% 水剂,无色透明,5% 水溶液呈微棕黄色,50% 粉剂、98% 粉剂。抑制光呼吸,促进根系发达和块茎、块根增产,增强光合作用,促进稻、麦光合产物向生殖器官运输。

27．矮健素

又名 7102,化学名称为 2-氯丙烯基三甲基氯化铵。50% 水剂。能控制营养生长,使植物矮化、茎秆粗壮、叶色深绿,对防止麦类倒伏、棉花旺长和增强抗性等有很好的效果。

28．比　久

化学名称为 N-二甲氨基琥珀酰胺酸,又名丁酰肼、B_9。工业品为灰白色至灰色或略带微黄色粉末状固体,含量为 85%,96%,98% 等。使植株矮化,促进翌年花芽形成,防止落花、落果,调节养分,使叶片绿且厚,增强抗旱、抗寒能力,增加产量,促进果实着色,延长贮藏期。

29．调节膦

化学名称为乙基氨甲酰基磷酸盐,又名蔓草膦、膦铵素。40% 水剂。用在果树上起矮化和化学修剪作用;用在林业上有防除灌木杂草的作用;用在花卉上可延长插花和某些观赏植物的开花时间。由于调节膦对双子叶植物比较敏感,特别是木本植物,因此,调节膦也常用在抑制双子叶植物的生长上。

30．助壮素

又名皮克斯,Pix,DPC,甲哌啶、甲哌鎓、调节啶、缩节胺、壮棉素、健壮素、棉壮素,化学名称为1,1-二甲基哌啶鎓氯化物。有98%粉剂、96%粉剂、5%液剂、25%水剂。能抑制细胞伸长,延缓营养体生长,使植株矮化。株型紧凑,能增加叶绿素含量,提高叶片同化能力,调节同化产物在植株器官内的分配。

31.环丙嘧啶醇

又名三环苯嘧醇、嘧啶醇,缩写为 ISO。0.026%液剂。矮化植株,促进开花。

32.抑芽唑

抑芽唑又名 NTN-821。70%可湿性粉剂。可抗倒伏,控制茎秆生长,节间缩短,不抑制根部生长。

33.调嘧醇

调嘧醇又名 EL-500。50%可湿性粉剂。可改善冷季和暖季草坪的质量,也可注射树干减缓生长和减少观赏植物的修剪次数,调节株型使之更具观赏价值。

34.乙烯利

乙烯利的化学名称为2-氯乙基膦酸,又名一试灵、乙烯磷、CEPA。有40%浅黄色粘稠水剂、5%~10%的胶体。促进不定根形成,使茎增粗,解除休眠,诱导开花,控制花器官性别分化,使瓜类多开雌花、少开雄花,催熟果实,促进衰老和脱落。

35.乙二膦酸

化学名称为1,2-次乙基二膦酸,又名 EDPA。40%水剂。促进果实成熟、种子萌发,打破顶端优势等。

36.三十烷醇

是含有30个碳原子长链的饱和脂肪醇,又名 TRIA,蜂花醇。有0.1%乳剂、0.25%乳剂、0.05%乳剂与胶悬剂。用于促进各种植物增产,特别是在海带和紫菜调控方面效果显著。

37. 石油助长剂

又名长-751,C-751,化学名称为环烷酸盐(钠、铵)。40%水剂,棕色液体。刺激种子萌发,促进发根和植株苗壮,增强叶片光合作用,加速籽粒灌浆,提高作物产量。

38. 芸薹素内酯

又名油菜素内酯、BR。有0.01%乳剂、0.15%油剂。在多种作物、蔬菜、果树上应用,可促进根系发育,茎叶生长,增加产量,提高品质,提高抗性。起作用的浓度极微,用量很少。

39. 水 杨 酸

化学名称为2-羟基苯甲酸,简写为SA,别名柳酸、沙利西酸、撒酸。99%粉剂。可促进生根,增强抗性,提高产量。

40. 壳 聚 糖

也叫甲壳素、甲壳胺,广泛分布于动物、植物及菌类中。纯品为白色、灰白色无定形片状或粉末。用于处理种子,提高产量。可作种子的包衣剂成分,也可用于改良土壤,作农药的缓释剂、水果保鲜剂,此外还有抗病防病的作用。

41. 核 苷 酸

为核酸分解的混合物,一类为嘌呤或嘧啶-3′-磷酸,另一类为嘌呤或嘧啶-5′-磷酸。0.05%液剂。用于叶面喷洒、秧苗处理等,可提高产量,促进生长。

42. 2,4-滴丙酸

2,4-滴丙酸又名2,4-DP,防落灵,化学名称为(2,4-二氯)苯氧异丙酸。95%粉剂。用作谷类作物田间杂草蓼及其他双子叶杂草防除,作苹果、梨的采前防落果剂,且有促进着色作用。此外在葡萄、番茄上也有采前防落果作用。

43. 丰啶醇

丰啶醇又名 7841,其化学名称为 3-(2-吡啶基)丙醇。80%乳油。有使植株矮化,茎秆变粗,叶面积增大及刺激生根等作用。可用在大豆、花生、向日葵等作物上起矮化、增产等作用。

44. 尿囊素

化学名称为 N-2,5-二氯-4-咪唑烷基脲。纯品为无色结晶粉末。尿囊素增强蔗糖酶的活性,提高甘蔗产量,可对土壤微生物有激活作用,从而有改善土壤的效应。由于应用后能引起植物体内核酸的变化,对多种农作物有促进生长的作用。

45. 调节安

调节安的化学名称为 1,1-二甲基吗啉镓氯化物,又名DMC。工业品为白色或淡黄色粉末状固体,有效活性成分含量≥95%。调节棉花的生育,抑制营养生长,加强生殖器官的生长势,增加结铃数和铃重。

46. 黄腐酸

黄腐酸是一类组织结构相似而又各不相同的复杂物质的混合物,其中溶于水或稀酸的部分为黄腐酸。其他名有富里酸、抗旱剂一号、旱地龙。作为化肥使用时将其归类为微肥或叶面肥。黄腐酸为黑色或棕黑色粉末。黄腐酸可用以改良土壤,用于水稻浸种,促进生根和生长;用于葡萄、甜菜、甘蔗、瓜果、番茄等,可不同程度地提高含糖量或甜度;用于杨树等插条可促进插条生根;小麦在拔节后叶面喷洒,可提高其抗旱能力,提高产量。

47. 复硝钠

复硝钠是几种含硝基苯酚钠盐(有的产品是胺盐)的复合型植物生长调节剂,又名爱多收。1.8%水剂。用于浸种、喷叶等。

48. 氟 节 胺

又名抑芽敏。25%乳油。烟草侧芽抑制剂。

49. 矮 抑 安

又名优草胺。0.48%液剂、0.24%液剂。抑制观赏植物和灌木的顶端生长和侧芽生长,增加甘蔗含糖量。

50. 萘乙酰胺

又名 NAAm,NAD。有8.4%可湿性粉剂、10%可湿性粉剂。可引起花序梗离层形成,用作疏果剂,也有促进生根的作用。

51. 噻 唑 隆

又名噻苯隆、脱叶灵、脲脱素、脱叶脲。50%可湿性粉剂。促进成熟叶片脱叶,加快棉桃吐絮。在低浓度下它具有细胞激动素的作用,能诱导一些植物的愈伤组织分化出芽来,也可作坐果剂。

52. 硫 脲

硫脲为有弱激素作用的硫代尿素。硫脲纯品为白色结晶。可延缓叶片衰老,在缺乏激动素的大豆愈伤组织中添加硫脲,可诱导形成细胞激动素,促进愈伤组织生长。也可用于打破休眠,提高抗病性,增加产量。

53. 维生素 C

又名抗坏血酸、丙种维生素。6%水剂。用于促进插条生根和抗病、增产等方面。

54. 二甲戊乐灵

二甲戊乐灵又名除芽通。33%乳油。为接触型烟草腋芽抑制剂。用于烟草打顶后抑制烟草腋芽发生。

55. 仲 丁 灵

仲丁灵又名止芽素。36%乳油。抑制烟草腋芽发生,还可减轻田间花叶病的接触传染。

56. 氯苯胺灵

氯苯胺灵又名戴科、CIPC。有 0.7%粉剂、50%气雾剂。选择性苗前、芽前、早期苗后除草剂,也用于马铃薯抑芽、贮藏。

57. 硝·萘合剂

由萘乙酸钠与对硝基苯酚钠、邻硝基苯酚钠和 2,4-二硝基苯酚钠加表面活性剂等混合而成,可增加作物产量。

58. 激·生·酶合剂

由细胞激动素、生长素、酶、微量元素和氨基酸等混合而成,促进作物生长,改善产品品质。

59. 赤霉素·苄基氨基嘌呤合剂

又名普洛马林(Promalin),由 6-苄基氨基嘌呤与 GA_4 和 GA_7 混合而成,用于促进坐果。

60. 芸·乙合剂

由芸薹素内酯和乙烯利混合而成,可矮化植株。

61. 季铵·羟季铵合剂

由矮壮素和氯化胆碱混合而成,矮化植株。

62. 季铵·乙合剂

由矮壮素与乙烯利复配而成,矮化植株。

63. 季铵·哌合剂

由矮壮素与助壮素两种抑制剂复配而成,抑制伸长生长。

64. 嗪酮·羟季铵合剂

由氯化胆碱与青鲜素组合而成,抑制腋芽或侧芽萌发。

65．羟季铵·萘合剂

由氯化胆碱与萘乙酸混配而成,促进块根、块茎膨大。

66．羟季铵·萘·苄合剂

由氯化胆碱、萘乙酸和 6-苄基氨基嘌呤混配而成,促使块根、块茎膨大。

67．乙·嘌合剂

由乙烯利和 6-苄基氨基嘌呤混合而成,促进生长发育。

68．乙·唑合剂

由乙烯利和烯效唑两种生长抑制剂复合而成,控制冬梢分枝。

69．赤·吲合剂

由赤霉酸和吲哚丁酸混合而成,促进幼苗生长。

70．黄·核合剂

由黄腐酸与核苷酸混合而成,促进生长。

71．吲乙·萘合剂

由吲哚乙酸和萘乙酸复合而成,促进生根。

72．吲丁·萘合剂

由吲哚丁酸和萘乙酸复合而成,促进生根。

73．哌·乙合剂

由甲哌啶和乙烯利混合而成,抑制生长。

74．萘·萘胺·硫脲合剂

由萘乙酸、萘乙酰胺和硫脲复配而成,促进插条生根。

75．唑·哌合剂

由多效唑与甲哌镓复合而成,矮化植株。

76．多效·烯效合剂

由多效唑与烯效唑复配而成,矮化植株。

金盾版图书,科学实用,
通俗易懂,物美价廉,欢迎选购

苹果优质高产栽培	6.50 元	色图册	14.00 元
苹果新品种及矮化密植		苹果树腐烂及其防治	9.00 元
技术	5.00 元	怎样提高梨栽培效益	7.00 元
苹果优质无公害生产技		梨树高产栽培(修订版)	10.00 元
术	7.00 元	梨树矮化密植栽培	6.50 元
图说苹果高效栽培关键		梨高效栽培教材	4.50 元
技术	8.00 元	优质梨新品种高效栽培	8.50 元
苹果高效栽培教材	4.50 元	南方早熟梨优质丰产栽	
苹果病虫害防治	10.00 元	培	10.00 元
苹果病毒病防治	6.50 元	南方梨树整形修剪图解	5.50 元
苹果园病虫综合治理		梨树病虫害防治	10.00 元
(第二版)	5.50 元	梨树整形修剪图解(修	
苹果树合理整形修剪图		订版)	6.00 元
解(修订版)	12.00 元	梨树良种引种指导	7.00 元
苹果园土壤管理与节水		日韩良种梨栽培技术	7.50 元
灌溉技术	6.00 元	新编梨树病虫害防治技	
红富士苹果高产栽培	8.50 元	术	12.00 元
红富士苹果生产关键技		图说梨高效栽培关键技	
术	6.00 元	术	8.50 元
红富士苹果无公害高效		黄金梨栽培技术问答	10.00 元
栽培	15.50 元	梨病虫害及防治原色图	
苹果无公害高效栽培	9.50 元	册	14.00 元
新编苹果病虫害防治		梨标准化生产技术	12.00 元
技术	13.50 元	桃标准化生产技术	12.00 元
苹果病虫害及防治原		怎样提高桃栽培效益	11.00 元

桃高效栽培教材	5.00元	原色图谱	18.50元
桃树优质高产栽培	9.50元	盆栽葡萄与庭院葡萄	5.50元
桃树丰产栽培	4.50元	优质酿酒葡萄高产栽培	
优质桃新品种丰产栽培	9.00元	技术	5.50元
桃大棚早熟丰产栽培技		大棚温室葡萄栽培技术	4.00元
术(修订版)	9.00元	葡萄保护地栽培	5.50元
桃树保护地栽培	4.00元	葡萄无公害高效栽培	12.50元
油桃优质高效栽培	10.00元	葡萄良种引种指导	12.00元
桃无公害高效栽培	9.50元	葡萄高效栽培教材	4.00元
桃树整形修剪图解		葡萄整形修剪图解	4.50元
(修订版)	6.00元	葡萄标准化生产技术	11.50元
桃树病虫害防治(修		怎样提高葡萄栽培效益	9.00元
订版)	9.00元	寒地葡萄高效栽培	13.00元
桃树良种引种指导	9.00元	李无公害高效栽培	8.50元
桃病虫害及防治原色		李树丰产栽培	3.00元
图册	13.00元	引进优质李规范化栽培	6.50元
桃杏李樱桃病虫害诊断		李树保护地栽培	3.50元
与防治原色图谱	21.00元	欧李栽培与开发利用	9.00元
扁桃优质丰产实用技术		李树整形修剪图解	5.00元
问答	6.50元	杏标准化生产技术	10.00元
葡萄栽培技术(第二次		杏无公害高效栽培	8.00元
修订版)	9.00元	杏树高产栽培(修订版)	5.50元
葡萄优质高效栽培	12.00元	杏大棚早熟丰产栽培技	
葡萄病虫害防治(修订版)	8.50元	术	5.50元
葡萄病虫害诊断与防治		杏树保护地栽培	4.00元

以上图书由全国各地新华书店经销。凡向本社邮购图书或音像制品,可通过邮局汇款,在汇单"附言"栏填写所购书目,邮购图书均可享受 9 折优惠。购书 30 元(按打折后实款计算)以上的免收邮费,购书不足 30 元的按邮局资费标准收取 3 元挂号费,邮寄费由我社承担。邮购地址:北京市丰台区晓月中路 29 号,邮政编码:100072,联系人:金友,电话:(010)83210681、83210682、83219215、83219217(传真)。